Svetli Dubeau

Sciences de l'environnement

Svetli Dubeau

Sciences de l'environnement

Effets de l'épisode El Nino 2009-10 sur la végétation herbacée d'îlots de la rivière Matawin en aval du réservoir

Presses Académiques Francophones

Impressum / Mentions légales
Bibliografische Information der Deutschen Nationalbibliothek: Die Deutsche Nationalbibliothek verzeichnet diese Publikation in der Deutschen Nationalbibliografie; detaillierte bibliografische Daten sind im Internet über http://dnb.d-nb.de abrufbar.
Alle in diesem Buch genannten Marken und Produktnamen unterliegen warenzeichen-, marken- oder patentrechtlichem Schutz bzw. sind Warenzeichen oder eingetragene Warenzeichen der jeweiligen Inhaber. Die Wiedergabe von Marken, Produktnamen, Gebrauchsnamen, Handelsnamen, Warenbezeichnungen u.s.w. in diesem Werk berechtigt auch ohne besondere Kennzeichnung nicht zu der Annahme, dass solche Namen im Sinne der Warenzeichen- und Markenschutzgesetzgebung als frei zu betrachten wären und daher von jedermann benutzt werden dürften.

Information bibliographique publiée par la Deutsche Nationalbibliothek: La Deutsche Nationalbibliothek inscrit cette publication à la Deutsche Nationalbibliografie; des données bibliographiques détaillées sont disponibles sur internet à l'adresse http://dnb.d-nb.de.
Toutes marques et noms de produits mentionnés dans ce livre demeurent sous la protection des marques, des marques déposées et des brevets, et sont des marques ou des marques déposées de leurs détenteurs respectifs. L'utilisation des marques, noms de produits, noms communs, noms commerciaux, descriptions de produits, etc, même sans qu'ils soient mentionnés de façon particulière dans ce livre ne signifie en aucune façon que ces noms peuvent être utilisés sans restriction à l'égard de la législation pour la protection des marques et des marques déposées et pourraient donc être utilisés par quiconque.

Coverbild / Photo de couverture: www.ingimage.com

Verlag / Editeur:
Presses Académiques Francophones
ist ein Imprint der / est une marque déposée de
OmniScriptum GmbH & Co. KG
Heinrich-Böcking-Str. 6-8, 66121 Saarbrücken, Deutschland / Allemagne
Email: info@presses-academiques.com

Herstellung: siehe letzte Seite /
Impression: voir la dernière page
ISBN: 978-3-8381-4653-9

Copyright / Droit d'auteur © 2014 OmniScriptum GmbH & Co. KG
Alle Rechte vorbehalten. / Tous droits réservés. Saarbrücken 2014

REMERCIEMENTS

Je tiens à remercier :

Mon directeur de recherche, le professeur Ali A Assani, pour ses conseils précieux et ses directives qui m'ont éclairé et orienté pour ce projet de recherche;

Mon codirecteur de recherche, le professeur Marco A. Rodríguez, pour son aide à l'application des méthodes statistiques multidimensionnelles.

Monsieur Martin Jean, chercheur au Centre de Recherche sur le fleuve Saint-Laurent d'Environnement Canada, et le professeur Guy Samson pour avoir accepté de faire partie de mon comité d'orientation et d'avoir accepté d'évaluer ce mémoire.

Merci également à tous ceux qui ont été impliqués de près ou de loin à l'élaboration de mon projet de recherche.

RÉSUMÉ

Les impacts des événements climatiques extrêmes sur les débits des rivières régularisées et leurs effets sur le milieu biophysique et la végétation riparienne est un thème relativement peu abordé, particulièrement dans le cas des régimes d'inversion comme celui de la rivière Matawin. À cet effet, le rôle de la variabilité interannuelle des débits revêt une importance cruciale. Ce type de régime est caractérisé par une grande fluctuation interannuelle des débits en aval du réservoir. La présente étude vise à documenter ce lien.

La sécheresse hydroclimatique de l'été 2010 causé par le phénomène *El Niño* a été particulièrement forte. On a observé un nombre record de 160 jours consécutifs sans lâcher d'eau en aval du barrage Matawin. À l'opposé, les années 2006-2009 ont été particulièrement humides, avec de forts débits lâchers en aval du réservoir au cours de la saison végétative. L'assèchement complet du lit de la rivière à l'année de sécheresse et les forts débits des années précédentes ont induit des changements significatifs des caractéristiques sédimentologiques et de la végétation herbacée des îlots. La teneur en argiles et limons a diminué de manière significative sur les deux îlots les plus près du barrage en raison de leur érosion. De même, la fréquence spécifique cumulative à l'année de sécheresse a quintuplé, surtout à cause du nombre d'espèces humides qui a doublé. En 2011, la fréquence spécifique cumulative a diminué de 40 % et le nombre d'espèces des trois groupes écologiques a subi une diminution significative, particulièrement chez les espèces terrestres qui ont pratiquement disparu. À l'année 2010, les sites amont sont les seuls à avoir subit une diminution du nombre total d'espèces présument à cause de leur érosion prononcée et les sites aval comptent le plus grand nombre d'espèces terrestres en raison de leur faible érosion. Quant à la similarité compositionnelle entre les îlots et les sites, elle est la plus élevée à l'année de sécheresse hydrologique (> 50) en raison de la plus forte prépondérance des espèces dominantes.

En ce qui concerne la variation de la proportion des trois groupes écologiques, l'analyse en composantes principales sépare les sites en fonction de composantes spatiale et temporelle. Le premier axe sépare les sites amont des sites aval et chenal secondaire d'une part, et le second axe sépare les sites de l'îlot B des autres sites d'autre part. Sur le premier axe, les sites avec une plus grande proportion d'espèces humides (terrestres) en 2010-11 ont des scores négatifs (positifs) et ceux avec une plus grande proportion d'espèces terrestres en 2006 ont des scores négatifs. Sur le second axe, les sites avec une plus grande proportion d'espèces facultatives en 2006-10 ont des scores négatifs et ceux avec une plus grande proportion d'espèces humides en 2006 ont des scores positifs. Autrement, l'ACP sépare les sites en fonction des variations interannuelles des proportions d'espèces humides et terrestres entre 2006 et 2010. Ainsi, les sites ayant connu une hausse de la proportion d'espèces humides ont des scores négatifs sur l'un ou l'autre des deux axes et inversement pour les sites ayant connu une hausse de la proportion d'espèces terrestres.

TABLE DES MATIÈRES

REMERCIEMENTS II
RÉSUMÉ III
LISTE DES TABLEAUX VI
LISTE DES FIGURES VII
   CHAPITRE I 1
INTRODUCTION 1
1.1   Revue de la littérature 1
1.2   Problématique 6
1.3   Objectif et Hypothèses 9
   CHAPITRE II 12
MÉTHODOLOGIE 12
2.1   Cadre d'étude 12
2.2   Choix des sites d'étude et périodes d'échantillonnage 14
2.3   Étude de la végétation 17
2.4   Analyse physico-chimique des sédiments 19
2.5   Analyses statistiques 20
   CHAPITRE III 23
RÉSULTATS 23
3.1   Comparaison des données hydroclimatiques 23
3.2   Comparaison des caractéristiques physicochimiques des sédiments 27
3.3   Comparaison des caractéristiques de la végétation 29
        3.3.1   Richesse spécifique, nombre d'espèces et proportion par écotype 29
        3.3.2   Richesse spécifique, nombre d'espèces et proportion des écotypes par îlot 30
        3.3.3   Fréquence spécifique totale, fréquence spécifique et proportion des écotypes 32
        3.3.4   Nombre d'espèces et proportion des trois écotypes par site 34
        3.3.5   Proportion d'espèces uniques et fréquences spécifique moyenne 35

        3.3.6   Fréquence spécifique relative des espèces. 37
        3.3.7   Patron de distribution des écotypes le long du gradient hydrique 38
        3.3.8   Similarité compositionnelle entre années, îlots et sites 39
        3.3.9   Relations entre les facteurs abiotiques et la proportion des écotypes . 40
CHAPITRE IV **44**
DISCUSSION **44**
4.1   Relation entre l'hydrologie et la variation des classes granulométriques des îlots 45
4.2   Historique géomorphologique des îlots et variation interannuelle de la végétation 49
4.3   Relation entre hydrologie, géomorphologie et dynamique de la végétation .. 52
4.4   Effet de l'hydrologie sur les processus biogéochimique et la végétation 58
4.5   Influence de la durée de l'inondation sur la végétation 61
4.6   Effet de la température et des crues sur la compétition interspécifique 63
4.7   Contexte biophysique et théorie de la perturbation 67
4.8   Similarité compositionnelle des îlots 69
4.9   Patron de la richesse spécifique des sites et théorie de la perturbation 71
4.10   Patron de distribution de la végétation le long du gradient hydrique 72
4.11   Rôle de la variabilité hydrologique et des caractéristiques des sites sur la végétation 74
4.12   Récapitulatif des hypothèses et critique des faiblesses de l'étude 76
4.13   Conséquences et réflexion sur le mode de gestion du réservoir 77
CHAPITRE V **79**
CONCLUSION **79**
RÉFÉRENCES BIBLIOGRAPHIQUES **81**
ANNEXE A **101**
ANNEXE B **115**
ANNEXE C **123**
ANNEXE D **128**
ANNEXE E **129**
ANNEXE F **131**

LISTE DES TABLEAUX

Tableau		Page
2.1	Caractéristiques des trois îlots analysés	15
3.1	Nombre et proportion d'espèces par écotypes	30
3.2	Richesse spécifique par îlots	32
3.3	Nombre et proportion d'espèces par écotypes et îlots	32
3.4	Fréquence spécifique cumulative par écotypes	33
3.5	Fréquence spécifique cumulative par îlots	33
3.6	Fréquence spécifique cumulative et relative par écotypes et îlots	34
3.7	Nombre total d'espèces par types de site	35
3.8	Fréquence spécifique relative par écotypes et sites	35
3.9	Proportion d'espèces uniques à différents niveaux d'analyse	36
3.10	Fréquence spécifique individuelle moyenne	37
3.11	Fréquence spécifique individuelle moyenne par îlots	37
3.12	Valeurs des coefficients de similitude de Jacquard	40
3.13	Valeurs des coefficients de corrélation entre les variables abiotiques et la proportion des écotypes	41
3.14	Loading values des pourcentages des trois groupes écologiques pour les trois années	42

LISTE DES FIGURES

Figure		Page
2.1	Bassin versant de la rivière Matawin et localisation des sites d'étude (source : Ibrahim, 2009).	15
2.2	Vue aérienne de l'îlot C situé à 6 km du barrage de Matawin (photo prise en 1996).	16
2.3	Vue aérienne de l'îlot B situé à 39 km du barrage de Matawin (photo prise en 1996).	16
2.4	Vue aérienne de l'îlot A situé à 48 km du barrage de Matawin (photo prise en 1996).	17
2.5	Plan d'échantillonnage de la végétation herbacée des îlots.	19
2.6	Schéma des transects formant le gradient hydrique divisés en strates de parcelles.	19
3.1	Débits totaux des dernières années par rapport à une saison hydrologique moyenne de 30 ans durant la période végétative.	24
3.2	Débits journaliers moyens en aval du barrage Matawin des trois années et la moyenne des 30 dernières années.	24
3.3	Comparaison des précipitations totales cumulatives pendant la période végétative en 2006, 2010 et 2011.	25
3.4	Variabilité interannuelle du nombre de jours sans lâcher d'eau en aval du barrage Matawin durant la période végétative.	25
3.5	Comparaison de la teneur en argile des sédiments des trois îlots en 2006 (noir), 2010 (gris foncé) et en 2011 (gris clair).	27
3.6	Comparaison de la proportion en limons des sédiments des trois îlots en 2006, 2010 et 2011.	28
3.7	Comparaison de la teneur en N, K, P et CO des sédiments des trois îlots en 2006, 2010 et 2011.	29
3.8	Courbe d'accumulation de la fréquence relative cumulative des espèces pour les 3 années.	38
3.9	Distribution de la fréquence spécifique moyenne (±sd) des espèces humide et terrestre le long du gradient hydrique en 2006.	39
3.10	Position des sites dans l'espace définit par les deux premières composantes principales significatives.	43

4.1	Variation de la température de surface océanique dans la région Nino3.4 au cours des 30 dernières années.	45
4.2	Comparaison de la variabilité des débits journaliers lâchés en aval du barrage durant la période végétative de 2006 à 2009.	46
4.3	Nombre d'espèces en fonction de la teneur en argile pour les trois années.	56
4.4	Débits journaliers hivernaux moyens en aval du barrage pour les 3 années.	58

CHAPITRE I

INTRODUCTION

1.1 Revue de la littérature

À cause de sa localisation géographique, le Canada est supposé connaître les plus hauts taux de réchauffement que n'importe quelles autres régions du monde (Lemmen et al. 2010). Le Canada a une abondance relative en eau, mais ses ressources ne sont pas distribuées uniformément à travers le pays. La saisonnalité et le degré de variation des débits des rivières varient avec la latitude, la continentalité du climat, la topographie et les types d'activités anthropiques pratiquées dans le bassin versant. Il s'ensuit que la réponse au changement climatique va varier entre les rivières et les régions (Woo *et al.* 2008). Un climat plus chaud va généralement augmenter les débits en hiver puisque plus de précipitations vont tomber sous forme de pluie (Woo *et al.* 2008). La fonte précoce des neiges va aussi résulter en des crues printanières hâtives plus faibles. En accord avec ces prédictions, le débit annuel des rivières boréales a augmenté durant les dernières décennies (Peterson *et al.* 2002). Dans les régions de climat continental tempéré à l'instar du Québec méridional, il est prévu que les débits estivaux vont diminuer à cause de la diminution de la quantité de neige en hiver et de l'augmentation de l'évapotranspiration, mais dans les autres régions les débits estivaux vont augmenter à cause des plus fortes précipitations (Woo *et al.* 2008, Boyer *et al.* 2010).

Les changements hydrologiques causés par le climat sont prévus de modifier les communautés végétales riveraines puisqu'elles sont contrôlées par la magnitude et la variation des débits (Décamps 1993, Naiman & Décamps 1997, Poff *et al.* 1997). Les communautés de plantes ripariennes sont structurées par les différences dans les niches hydrologiques des espèces (Silverstown *et al.* 1999). Des changements considérables de la végétation riparienne pourraient avoir lieu sans altération du débit annuel moyen, sachant que la végétation riparienne est spécialement sensible aux variations des débits minimum et maximum (Auble *et al.* 1994). Les recherches passées sur les interactions biosphère-atmosphère sont remplies d'indications de mécanismes de rétroaction entre la végétation et le climat incluant le cycle hydrologique (Xue *et al.* 2001, Snyder *et al.* 2004, Betts *et al.* 2007, Ridolfi *et al.* 2007). Récemment, Jasechko *et al.* (2013) ont calculé, à partir des traces isotopiques distinctes de la transpiration et de l'évaporation, que la transpiration était de loin le plus grand flux d'eau terrestre, représentant 80 à 90 % de l'évapotranspiration terrestre. Toutefois, la plupart des prédictions climatiques, incluant celle sur laquelle est basé le dernier rapport d'évaluation du GIEC (AR4), n'inclut pas la réponse de la végétation au changement du climat. La façon dont laquelle le CO_2 atmosphérique, le climat et la végétation vont interagir pour former les futures conditions du climat et de la biosphère est donc largement inconnue. Dans une étude utilisant 8 modèles climatiques, Alo et Wang (2008) ont montré que la réponse structurelle de la végétation exercée par le changement climatique avait un impact sur les processus hydrologiques. Une telle rétroaction structurelle de la végétation augmente substantiellement l'évapotranspiration et réduit l'écoulement dans de larges étendues à travers le globe, suggérant que la rétroaction de la végétation pourrait accélérer davantage la branche atmosphérique du cycle hydrologique.

L'écoulement de la plupart des rivières est affecté par les barrages et les diversions (Nilsson *et al.* 2005, Palmer *et al.* 2008), rendant d'autant plus difficile d'isoler les effets du réchauffement climatique sur l'hydrologie et les écosystèmes des effets associés aux structures de retenue et de l'utilisation des sols. Le régime hydrologique d'un cours d'eau est le principal facteur abiotique affecté par la présence des barrages, et le degré de perturbation du cycle de l'eau ainsi que l'ampleur de son artificialisation va dépendre des objectifs de gestion spécifiques à chaque barrage. La gestion des réservoirs d'eau, et plus particulièrement ceux créés à des fins de production hydroélectrique, affecte de manière significative les régimes hydrologiques des cours d'eau, et ce par une modification des régimes journaliers, mensuels et saisonniers. En effet, les variations temporelles de la demande en énergie hydroélectrique nécessitent des lâchers d'eau et provoquent ainsi des fluctuations du débit à court et à long terme, lesquelles sont très différentes de celles que l'on enregistre dans une rivière non aménagée (Assani *et al.* 2002, 2005, Crepet 2000).

L'artificialisation et la régulation des débits influent également sur la morphogénèse fluviale et interfèrent sur l'équilibre dynamique du milieu physique et plus particulièrement le façonnement et l'évolution des lits (Crepet 2000, Erskine et al 1999, Astrade 1998). De plus, certains épisodes de crues dites morphogènes, qui sont supprimés pendant la durée du remplissage des réservoirs, sont cruciaux et nécessaires au bon déroulement des composantes physique et biologique des cours d'eau. Ces épisodes d'inondations sont considérés comme des phénomènes d'interaction essentiels entre le cours d'eau et la plaine alluviale associée (Balland 2004).

Au Québec, Assani *et al.* (2005, 2006; Matteau *et al.* 2009) ont défini trois types de changements hydrologiques observés en aval des barrages associés chacun à un mode de gestion spécifique :

- Le régime d'inversion : ce régime est caractérisé par des débits mensuels maximums en hiver et des débits mensuels minimums au printemps, au moment de la fonte des neiges. Ce type de régime ne s'observe exclusivement qu'en rive nord du St-Laurent en raison du faible écoulement hivernal et d'une forte production de l'énergie hydroélectrique en hiver.
- Le régime d'homogénéisation : ce régime est caractérisé par une faible variation des débits durant toute l'année. Contrairement au régime précédent, les débits mensuels minimums saisonniers ne se produisent jamais au printemps au moment de la fonte des neiges. Mais en revanche, les débits mensuels maximums peuvent être observés en hiver. Ce régime hydrologique artificialisé est très fréquent en rive nord du St-Laurent.

- Le régime de type naturel : ce régime est caractérisé par l'absence de changement des périodes d'occurrence de débits mensuels maximums et/ou minimums. Il est comparable aux régimes des rivières naturelles. Les débits mensuels maximums surviennent au printemps au moment de la fonte des neiges et les débits minimums, en hiver et/ou en été. Contrairement aux deux régimes précédents, il est bien représenté sur les deux rives du fleuve Saint-Laurent.

Ces trois types de régimes hydrologiques induisent des impacts morphologiques et biologiques différents. À titre d'exemple, la réduction des débits en aval entraîne corollairement une diminution du chenal actif et une modification des processus physiques qui se transpose par une disparition de la diversité des habitats disponibles pour les espèces aquatiques et amphibies (Amoros & Bornette 2002, Merritt & Cooper 2000, Erskine *et al.* 1999). Les processus d'incision ou d'aggradation du chenal peuvent réduire la connectivité des habitats avec le chenal actif, réduisant ainsi les processus biogéochimiques et allogéniques associés aux crues qui régulent la productivité, la stabilité et la diversité des milieux. De cette façon, les habitats peuvent donc devenir moins productifs en raison d'un amoindrissement de la croissance et de la survie des organismes. En outre, l'accumulation de sédiments fins dans les graviers des frayères peut induire une mortalité accrue et nuire à l'éclosion des alevins de saumons (Patoine *et al.* 1999). Du point de vue végétatif, la diminution de la largeur du chenal peut affecter la diversité et l'abondance des espèces inféodées aux milieux humides au détriment de celles des milieux terrestres (Hudon 2004).

Par ailleurs, les effets des épisodes climatiques extrêmes (fortes précipitations ou sécheresses) revêtent une importance particulière à l'évolution hydrologique, géomorphologique et biologique des écosystèmes fluviaux. Ces épisodes peuvent amplifier les variations hydrologiques en aval des réservoirs et porter atteinte à l'intégrité biologique et écologique des communautés végétales en plus de réduire leur résilience. En raison des plus fortes probabilités d'occurrence des épisodes de vague de chaleur intense et persistante prévues dans le futur, les risques d'étiage des rivières

« réservoirs » durant la saison libre de gel risquent d'être plus fréquents et sévères en aval des structures de retenue (Palmer *et al.* 2008). Ces sécheresses hydrologiques pourraient être particulièrement néfastes pour les macrophytes du lit mineur des milieux riverains dont la survie et le cycle de vie sont intimement réglés par la récurrence des crues printanières essentielles à la dispersion, la germination, la croissance et le développement des stades de vie (Grubb 1986, Naiman *et al.* 1993, Bornette *et al.* 1998) des plantes hydrophytes et hélophytes installées sur les formes d'accumulation des rivières. Des épisodes successifs de sécheresse hydrologique pourraient extirper les plantes ripariennes indigènes au profit d'espèces invasives (Zedler & Kercher 2004) advenant le cas où la durée, la fréquence et/ou la magnitude des événements successifs outrepassent les capacités biologiques et physiologiques des communautés ripariennes à s'adapter. Cela provoquerait des impacts négatifs et durables sur la biodiversité associée aux écosystèmes ripariens (Kondolf *et al.* 1987, Naiman *et al.* 1993). L'évapotranspiration et le stress hydrique auxquels sont soumises les plantes ripariennes durant des épisodes de sécheresse hydrologique sont des facteurs déterminants dont l'intensité peut ultimement réduire la survie des plantes à long terme. Les crues printanières sont donc importantes dans la mesure où elles sont la principale source importante de régénération et déterminent la disponibilité des éléments nutritifs et de sédiments fins (Bendix 1997, Steiger *et al.* 2005) dont les apports peuvent améliorer la résistance des plantes à la dessiccation.

Pour conclure, il importe de retenir que la variabilité interannuelle des débits, à laquelle participe les événements El Niño, joue un rôle important dans le maintien de l'équilibre écologique des milieux ripariens et que l'entrave des débits naturels, tant par leur variabilité dans le temps que par leur volume, altère l'équilibre des processus physiques, chimiques et biologiques de l'eau touchant de cette manière l'intégrité écologique des rivières; ce phénomène s'observe sous de multiples facettes, entre autres, par des transformations de la morphologie fluviale accompagnée par des changements de la ripisylve (Poff *et al.* 1997, Merritt & Cooper 2000, Richter & Richter 2000). La biodiversité, la productivité biologique et la qualité des habitats sont tributaires de la modification du régime hydrologique des rivières et s'en trouvent menacées. Pour ces raisons, au cours des dernières décennies, les conservationnistes ont fait un engagement pour enlever les barrages et les levées dans la croyance que le régime naturel des débits est essentiel pour préserver la fonction des écosystèmes riverains (Poff *et al.* 1997, Richter & Richter 2000, Arthington *et al.* 2006).

1.2 Problématique

La sécheresse est un phénomène climatique subtil avec des impacts très concrets qui causent plus de dommages économiques que les inondations et les ouragans (Svoboda *et al.* 2002). Au Québec, l'hiver 2010 a été le plus doux jamais enregistré depuis 1948 (Environnement Canada 2011). Cet hiver aura également été le plus sec jamais enregistré au Canada: les précipitations ont chuté de plus 20 %. À l'échelle nationale, la température moyenne enregistrée pour la majorité du Canada était au moins 2 °C supérieure à la normale. Ce réchauffement fut encore plus important dans quelques régions de l'Arctique et du Nord du Québec où il était de 6 °C supérieure à la normale. L'ancien record datait de l'hiver 2005-2006, pour lequel une température nationale moyenne de 3,94 °C au-dessus de la normale avait été enregistrée. D'après Shabbar (2006), le climat hivernal au Canada et au Québec est principalement influencé par le phénomène *El Niño*. L'occurrence de celui-ci est associée à des hivers doux et secs. Outre ce phénomène, d'autres indices climatiques comme les Oscillations nord Atlantique (ONA) et Arctique (OA) ont été invoqués pour rendre compte de la variabilité du climat hivernal dans la partie orientale du Canada (p. ex. Kingston *et al.*, 2006).

Le régime hydrologique de la rivière Matawin en aval du barrage n'a pratiquement pas changé depuis la présence du barrage en 1930, mis à part la hausse de la durée des débits annuels maximums suite à l'expropriation du secteur hydroélectrique par le gouvernement du Québec en 1960. La principale caractéristique sur les débits a été une inversion temporelle de la magnitude et de la durée des crues qui ont lieu en hiver, pour répondre aux besoins en énergie, alors que l'eau immobilisée sous forme de neige n'est pas disponible pour actionner les turbines des centrales hydroélectriques. En effet, l'eau est retenue en amont du barrage au printemps pour reconstituer la force hydraulique nécessaire à l'actionnement des turbines des centrales l'année suivante, au moment même où les températures et les besoins en eau de la végétation augmentent. Or, les écoulements d'une rivière sont importants dans plusieurs processus écologiques qui régulent le rythme, la diversité, la productivité et l'équilibre des organismes et assurent des habitats sains pour les populations en aval.

Les crues printanières sont une source annuelle de sédiment, de minéraux, d'oxygène et servent de système d'évacuation des déchets et de matière non désirable pour les organismes, en plus de redistribuer les ressources à travers le paysage. Les crues saisonnières servent aussi de moyen de transport et de dissémination pour les organismes sessiles durant la période de reproduction et entretiennent la diversité des communautés en créant des gradients de perturbations et de conditions abiotiques exploités par différents types d'espèces dans l'espace et dans le temps (Towsend & Hildrew 1994, Poff *et al.* 1997). La dynamique de la variabilité hydrologique saisonnière des rivières remplit plusieurs fonctions essentielles à la productivité des milieux en régulant le flux de matière et d'énergie de l'amont vers l'aval (Ward & Stanford 1995, Naïman et Décamps 1997, Nilsson & Svedmark 2002). La biocœnose des milieux lotiques dépend de la variabilité des débits, facteur essentiel à l'utilisation optimale des ressources et de l'environnement, et dont les bénéfices peuvent être affectés par la modification des débits. Les crues rechargent aussi les aquifères alluviaux qui peuvent fournir l'eau aux plantes ripariennes durant la saison de croissance et créer des conditions humides qui excluent l'invasion de plantes terrestres (Poff *et al.* 1997). Puisque l'élévation des nappes d'eau alluviales peut être directement liée à l'eau de surface dans les cours d'eau, les débits minimum à la fin de l'été contrôlent souvent la profondeur d'eau disponible pour les plantes (Rood *et al.* 1995, Stromberg *et al.* 1996).

Les macrophytes des milieux ripariens sont importantes pour les cours d'eau et les communautés associées par les apports allochtones qui alimentent partiellement l'énergétique et la structure des réseaux trophiques aquatiques (Naiman *et al.* 2005). Or, le régime hydrologique, influencé par les activités anthropiques et le réchauffement climatique, joue un rôle crucial dans la préservation des communautés végétales des milieux humides riverains (Kondolf *et al.* 1987, Bren 1993, Hughes *et al.* 1997, Large 1997, Manchester *et al.* 1998). Il n'existe à ce jour très peu d'études assimilant les effets d'événements climatiques extrêmes (sécheresse) sur les communautés de plantes herbacées des rivières situées dans les régions boréales (Dawson *et al.* 2003, Kennedy *et al.* 2006, Harrison *et al.* 2008, Ormerod 2009). La plupart des études sur les plantes ripariennes ont abordé le rôle de la régularisation des débits et des caractéristiques des biefs sur la richesse spécifique des communautés végétales, sans préciser le rôle d'épisode climatique extrême. La majorité des études portant sur l'impact de sécheresse anormale sur les communautés végétales ont été faites dans les milieux humides terrestres et semi-terrestres (Poiani & Johnson 1991, Hogenbirk & Wein 1992, Woo & Winter 1993, Poiani *et al.* 1996, Knapp *et al.* 2002, Moore 2002, Van Peer *et al.* 2004, van der Valk 2005, Aerts 2006) et celles qui ont été menées dans les zones ripariennes n'abordaient pas l'effet synergétique potentiel des ouvrages de retenu sur le régime hydrologique et les communautés végétales.

L'étude des épisodes climatiques extrêmes est importante du point de vue de la conservation et de la restauration des écosystèmes ripariens afin d'estimer la capacité de résilience et de résistance des communautés ripariennes aux impacts anthropogéniques du réchauffement climatique (Auble *et al.* 1994, Hughes 1997, Schindler 1997, Poiani *et al.* 2000, Buijse *et al.* 2002, Brinson & Malvarez 2002, Tockner & Stanford 2002, Merritt *et al.* 2010, Kingsford 2011). À ce titre, l'étude réalisé par Ibrahim (2009), et sur laquelle est basé une bonne partie de la méthodologie et des résultats provenant de ce projet de recherche, a permis de mettre en évidence le contexte dans lequel la variation interannuelle des débits, influencée par les événements climatiques tel qu'*El Niño*, joue un rôle prépondérant sur les caractéristiques des dépôts sédimentaires et de la végétation herbacée des îlots en aval du barrage Taureau de la rivière Matawin.

1.3 Objectif et Hypothèses

L'analyse des interactions entre le climat et les caractéristiques hydrogéomorphologiques des milieux ripariens est nécessaire pour comprendre les contrôles de la distribution et de l'abondance des plantes qui influence la composition des espèces à long terme. Les patrons de la distribution des graines, des capacités de germination et le comportement des plantules sont indicatifs des changements établis. Dans un environnement changeant, les plantes peuvent développer des mécanismes de survie au nouveau climat et aux facteurs édaphiques connivents qui se font au cours de plusieurs générations. Les changements morphologiques des plantes sont souvent le résultat de processus physiologiques et phénologiques, menant à des réponses adaptatives de phénomènes essentiels comme la photosynthèse, le transport de nutriments et d'eau, qui peuvent résulter en un changement des taux de croissance et/ou de forme (Blom 1999).

Des connaissances dans l'établissement, la croissance et la distribution des plantes des milieux ripariens sont nécessaires pour choisir les mesures de gestion appropriées. Les études pour tenter de comprendre la position des communautés en relation avec les conditions de l'habitat sont confrontées à plusieurs problèmes (Gurevitch & Collins 1994) à cause des types des communautés de plantes coexistant avec de nombreuses interactions au-dessus et en dessous du sol. En milieu fluvial, ces interactions sont fortement influencées par la fréquence, la durée et l'ampleur des épisodes extrêmes (inondations et sécheresse) (p. ex., Naiman *et al.*, 2008) générées par les oscillations climatiques (p. ex. Shabbar, 2006). Il est de plus en plus reconnu que l'oscillation climatique dont les impacts sont planétaires est sans nul doute le phénomène *El Niño*.

L'objectif de la présente étude vise à documenter et analyser les effets des variations interannuelles des débits au cours de trois années hydrologiques, et plus particulièrement ceux de l'épisode *El Niño* 2009-2010, sur l'hydroclimatologie, les caractéristiques physico-chimiques des sédiments et la végétation herbacée de trois îlots fluviaux situés en aval du barrage Taureau. Rappelons qu'au Québec, le phénomène *El*

Niño est associé à une baisse des précipitations et des débits (p. ex. Shabbar, 2006). Cette baisse des débits est amplifiée en aval des barrages caractérisés par un mode de gestion du type inversé en raison du stockage d'eau dans les réservoirs pendant la période végétative (Assani *et al.*, 2005; Lajoie *et al.*, 2007). Rappelons aussi que selon Hudon (2004), la sécheresse hydroclimatique provoque une diminution significative des espèces inféodées aux milieux humides au détriment des espèces envahissantes dans la plaine alluviale du Saint-Laurent. Cette auteure a même proposé un modèle d'évolution des espèces végétales de la plaine alluviale du fleuve Saint-Laurent dans un contexte de réchauffement climatique.

Les plantes de milieux humides dépendent étroitement de l'eau pour se maintenir et accomplir leur cycle de vie. Elles se sont adaptées en exploitant le cycle de l'eau dans les hautes latitudes où l'hiver peut être considéré comme un désert hydrologique. Puisque les plantes herbacées humides ont développé des stratégies de croissance, de reproduction et de colonisation/dissémination en lien avec la disponibilité en eau au printemps et en été, il est possible d'émettre certaines hypothèses à propos des conséquences d'une sécheresse hydroclimatique sévère sur leur distribution et leur fréquence relative.

Attendu que l'événement *El Niño* 2009-2010 a provoqué une pénurie d'eau causant un déficit hydrique durant la saison de croissance des plantes, on prévoit que la diversité et la fréquence des espèces humides soient moins grandes à l'année de sécheresse hydrologique. Attendu que l'air chaud et sec défavorise les espèces inféodées aux milieux humides, on prévoit que les effets négatifs de la compétition exercée par les autres écotypes réduisent leur importance relative. Il est admis que seules quelques espèces de plantes humides sont capables de tolérer de longues périodes de sécheresse grâce à leur résistance à la dessiccation et leur morphologie en touffe (graminées et cypéracées siliceuses), et que les plantes des 2 autres écotypes (facultative et terrestre) sont moins sensibles à une absence prolongée de précipitations à cause de leurs adaptations physiologiques et morphologiques au stress hydrique, leur cycle de vie plus éphémère et leur taux de croissance rapide qui limite leur vulnérabilité (Touchette *et al.* 2007).

Attendu que la sécheresse hydrologique réduit la superficie de l'habitat viable pour les espèces humides, on devrait trouver la plus forte diversité d'espèces humides dans les parcelles plus près du lit de la rivière. Les espèces des deux autres écotypes devraient aussi être plus nombreuses et fréquentes dans ces zones en raison de la plus grande disponibilité des ressources créée par l'exondation des sédiments habituellement inondés.

Attendu que l'intensité de la sécheresse soit plus forte sur les sites pauvres en sédiments fins, on prévoit que la diversité et la fréquence des espèces humides soient plus faibles sur les sites plus sablonneux. Ainsi, l'influence de l'historique géomorphologique des îlots devrait être perceptible sur la composition et la fréquence relative des trois écotypes de plantes herbacées.

Attendu que les sites connaissent des conditions hydrogéomorphologiques différentes de par leur exposition relative au courant, il est prédit que les sites amont et aval des îlots devraient démontrer les plus fortes variations de la fréquence relative et de la diversité des trois écotypes d'une année à l'autre en raison de leur position parallèle dans le chenal accentuant le gradient hydrique et leur degré d'exposition contrasté au courant. À l'opposé, la composition de la végétation des deux autres sites devrait être moins variable en raison de leur position perpendiculaire au chenal, et la similarité de leur composition floristique le long du gradient hydrique devrait être plus grande sur ces sites, indépendamment de l'année.

CHAPITRE II

MÉTHODOLOGIE

2.1 Cadre d'étude

Principal affluent de la rivière Saint-Maurice, troisième tributaire en importance du fleuve Saint-Laurent, la rivière Matawin draine un bassin versant de 5770 km^2 soit 13 % de la superficie du bassin versant du Saint-Maurice (Hydro-Québec, 2001). Elle prend sa source dans le lac du parc du Mont Tremblant dans la région de Lanaudière et coule dans la direction nord-ouest au sud-est à l'intérieur d'une haute vallée fluviale composée de plusieurs hauts-reliefs encastrés dans le plateau laurentien du bouclier canadien. Le territoire à l'étude s'inscrit dans le plateau Laurentien. Celui-ci se trouve à la limite du partage des eaux entre l'Outatouais et la rivière Saint-Maurice et se démarque par un relief accidenté où l'altitude moyenne des sommets varie de 450 à 650 mètres. La rivière Matawin coule entre deux ensembles physiographiques distincts, soit les Laurentides, du côté sud, et les Hautes Terres Centrales appartenant au Bouclier canadien du côté nord. Tout le territoire traversée par la rivière Matawin se trouve à l'intérieur de la région géologique du Bouclier Canadien. Ainsi, la rivière entaille cette formation géologique et incise alternativement les dépôts sableux d'origine fluvio-glaciaire et des moraines appartenant au socle datant de la dernière glaciation. On y retrouve toute la gamme des roches typiques du Bouclier canadien; des gneiss, des paragneiss et des roches de types granitoïdes qui sont toutes très résistantes à l'érosion. D'environ 210 km de longueur, la rivière Matawin s'écoule de l'ouest en est en longeant la bordure nord des contreforts des Laurentides jusqu'à sa confluence dans la rivière St-Maurice. Son cours est formé par une alternance de biefs cailloux à écoulement turbulent, à cause de la pente plus raide, et de biefs sableux, à écoulement lent, avec un tracé pour ces sections, plutôt sinueux.

Le climat est du type subpolaire continental avec une précipitation totale annuelle d'environ 1000 mm et une température moyenne annuelle de 4 °C. Le bassin versant se situe à la ligne de transition de deux zones bioclimatiques, la zone de la forêt de feuillus et la zone de la forêt mixte (Laflamme 1995). Dans la partie du réservoir, c'est l'érablière à bouleau jaune qui prédominerait, atteignant sa limite nord de distribution. Ces peuplements de feuillus se transformeraient graduellement en bétulaie jaune à sapin au nord du réservoir. Les essences prédominantes sont le peuplier faux-tremble, le bouleau à papier, le sapin baumier, le pin gris, l'épinette blanche et le pin blanc (Hydro-Québec, 2001). Quant à l'affectation du sol, les activités anthropiques se limitent à l'exploitation forestière. L'agriculture est quasi absente, car les terres et le climat n'y sont pas propices.

Le barrage du lac Taureau a été construit en 1929 par la Shawinigan Water & Power Co. pour produire de l'énergie hydroélectrique et rehausser la capacité du réservoir du barrage de la Gabelle construit sur la rivière Saint-Maurice. Sa réserve totale est estimée à 348 000 000 m^3 d'eau. Situé au centre-sud du bassin versant de la rivière Matawin, le réservoir Taureau constitue la plus importante réserve d'eau artificielle de la région de Lanaudière et le plus grand plan d'eau d'activités récréotouristiques accessible autour de la région de Montréal. On qualifie d'ailleurs ce réservoir de « lac Taureau ». L'amplitude maximale de la variation du marnage du lac formé en amont du barrage est environ 15 m. Après le réservoir Gouin, le réservoir Taureau représente le plus grand volume d'eau mobilisable à des fins de production hydroélectrique. Puisque le réservoir fait partie intégrante du complexe hydroélectrique de la rivière St-Maurice, il a été construit principalement afin de servir à emmagasiner l'eau pour renforcer la capacité de production de l'énergie hydroélectrique des centrales hydroélectriques Gran-Mère, Shawinigan 2 et 3 et la Gabelle situées en aval sur le Saint-Maurice. Le réservoir Taureau est de type annuel, son remplissage se fait chaque année pendant le printemps au moment de la fonte de neige. Sa vidange, qui dure tout l'hiver, débute en novembre et se termine au début du mois d'avril. Ce mode de gestion a entraîné une inversion du régime hydrologique de la rivière en aval du barrage Taureau. En effet, d'après les travaux d'Assani *et al.* (2002), qui en ont quantifié l'ampleur, les débits hivernaux représentent plus du tiers du total annuel et les débits printaniers, plus que le cinquième de ce total, alors qu'ils constituent respectivement le dixième et la moitié en amont du barrage qui est sous régime naturel.

La gestion du réservoir, qui dépend donc directement du complexe hydroélectrique de la rivière St-Maurice, est fonction de la demande en production d'énergie en période de pointe. Un débit maximal et minimal est par ailleurs établi pour le réservoir afin de répondre aux exigences de génération d'électricité avec un débit maximal sécuritaire de 283 m^3/s et un débit minimal de 3 m^3/s.

Les données journalières des débits sont mesurées de manière ininterrompue depuis le début de la construction du barrage en 1930 en amont (station Saint-Michel-des-Saints) et juste en aval du réservoir. À la station de Saint-Michel-des-Saints, on mesure aussi les données de température et de précipitations depuis 1962. Les données des débits sont archivées par Environnement Canada jusqu'en 1994 et les années ultérieures, par Hydro-Québec qui nous a aimablement communiqué ses données. Les données climatiques et hydrologiques ont été extraites du site web du ministère d'Environnement Canada

(http://climat.meteo.gc.ca/advanceSearch/searchHistoricData_f.html?, et http://www.wsc.ec.gc.ca/hydat/H2O/index_f.cfm?, consulté en mai 2012).

2.2 Choix des sites d'étude et périodes d'échantillonnage

Les sites d'échantillonnages sont localisés en aval du barrage Taureau, dans la Zone d'exploitation contrôlée (ZEC) Chapeau de paille (figure 2.1). La rivière Matawin possède un bon nombre d'îlots d'origines hydrogéomorphologiques différentes (Ibrahim 2009). Toutefois, tous les îlots échantillonnés pour cette étude proviennent d'un découpage de la plaine alluviale avoisinante. Ce phénomène s'explique par une migration latérale du chenal principal suite à une crue de débordement. Les îlots sont tous situés dans des tronçons sableux. En hiver, ils sont submergés par les lâchers d'eau. Au printemps, ils sont exondés, lors du remplissage du réservoir. Les trois îlots sont relativement proches des berges adjacentes et sont par conséquent facilement accessibles par une petite embarcation (canot). Les caractéristiques de ces trois îlots sont résumées succinctement au tableau 2.1. Leurs images sont présentées à la figure 2.2. L'échantillonnage des plantes et des sols sur les trois îlots a été effectué en 2006 par Ibrahim (2009), et en 2010 et 2011 (par nous-mêmes) aux mois de juin, juillet et août.

Tableau 2.1

Caractéristiques des trois îlots analysés

Code d'îlot	Superficie (m²) en 1995	Distance (en Km)*	Forme géométrique
C	41 553	6	ovale
B	19 737	39	Ovale allongée
A	1953	48	Circulaire

* = distance par rapport au barrage

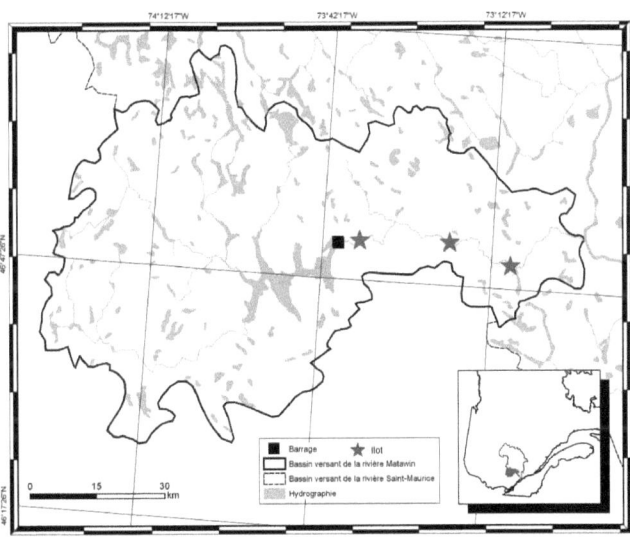

Figure 2.1   Bassin versant de la rivière Matawin et localisation des sites d'étude (source : Ibrahim, 2009).

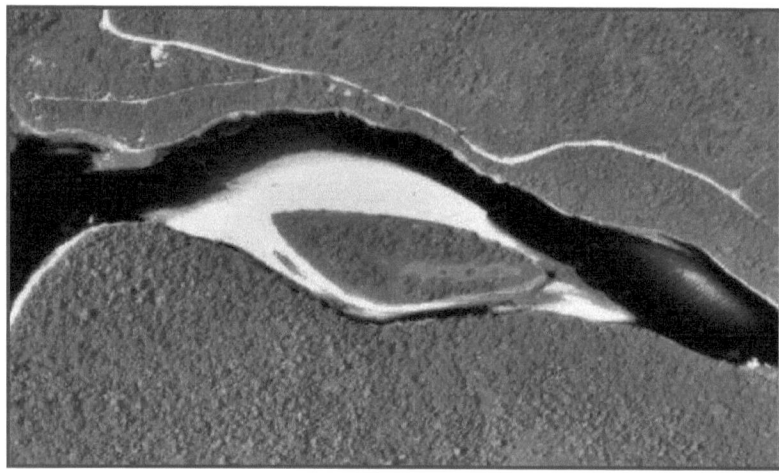

Figure 2.2 Vue aérienne de l'îlot C situé à 6 km du barrage de Matawin (photo prise en 1996).

Figure 2.3 Vue aérienne de l'îlot B situé à 39 km du barrage de Matawin (photo prise en 1996).

Figure 2.4 Vue aérienne de l'îlot A situé à 48 km du barrage de Matawin (photo prise en 1996).

2.3 Étude de la végétation

L'échantillonnage de la végétation a été effectué aux étés 2006, 2010 et 2011, le long de 4 transects de 1 mètre de large par 20 mètres de long évoluant à partir des 4 extrémités des îlots vers leur centre (figure 2.5). Sachant que les îlots sont de forme ellipsoïdale ou circulaire, nous avons échantillonné le long de quatre rayons des deux axes orthogonaux. Les deux premiers transects étaient disposés le long de l'axe longitudinal de l'îlot (axe amont-aval). Les deux autres transects étaient disposés sur un axe perpendiculaire au grand axe. Dans chaque transect nous avons déterminé le nombre d'espèces dans 20 parcelles contiguës de $1m^2$ à partir de l'extrémité distale de l'îlot.

Au laboratoire, les spécimens cueillis sur le terrain ont été séchés, pressés et conservés dans des herbiers et identifiés à l'espèce en se référant au guide d'identification de *la flore Laurentienne* (Marie-Victorin 1995). Cette identification a été effectuée par M. Benoît Tremblay en ce qui a trait aux espèces appartenant aux cypéracées et graminées. Afin de mieux comprendre la structure de la strate herbacée, nous avons aussi déterminé les espèces dominantes dans chaque quadrat inventorié.

Enfin, les espèces ont été classées en trois regroupements écologiques distincts selon la classification élaborée par Gauthier (1997) pour les espèces du Québec : espèces des milieux humides (H) et espèces facultatives des milieux humides (F). On a ajouté un troisième groupe écologique, à savoir, celui des espèces des milieux terrestres (T).

Les données de la végétation ont été analysées à quatre niveaux hiérarchiques : 1) à l'échelle du paysage, 2) des îlots, 3) des sites et 4) des parcelles. Les transects déployés dans les sites ont été divisés en quatre groupes de parcelles pour mesurer l'influence du gradient hydrique/de perturbation sur la végétation herbacée (figure 2.6). Ainsi, à chaque niveau d'analyse, on peut exprimer les données de la végétation à partir des échelles inférieures. Par exemple, la fréquence spécifique d'un îlot peut s'exprimer à l'échelle de l'îlot, des sites et/ou des parcelles. On peut aussi exprimer une donnée par type de sites, cumulée sur les trois îlots, ou en prenant la moyenne des trois îlots. Nous avons ainsi calculé différentes mesures associées aux trois types d'espèces et différentes mesures de la diversité et de la fréquence spécifique exprimées en fonction des niveaux d'analyse pour tenir compte de l'influence des échelles spatiales. Ces mesures sont les suivantes à l'échelle des îlots et des sites :

- Le nombre total d'espèces et le nombre d'espèces par groupes écologiques;
- la proportion des espèces des trois groupes écologiques;
- la fréquence spécifique cumulative totale et la fréquence spécifique cumulative par groupes écologiques;
- la fréquence spécifique cumulative relative des trois groupes écologiques.

La fréquence spécifique cumulative désigne la somme des fréquences des espèces à l'échelle des parcelles, et la fréquence spécifique cumulative relative, le ratio de la fréquence spécifique cumulative des espèces des groupes écologiques sur la fréquence spécifique cumulative totale.

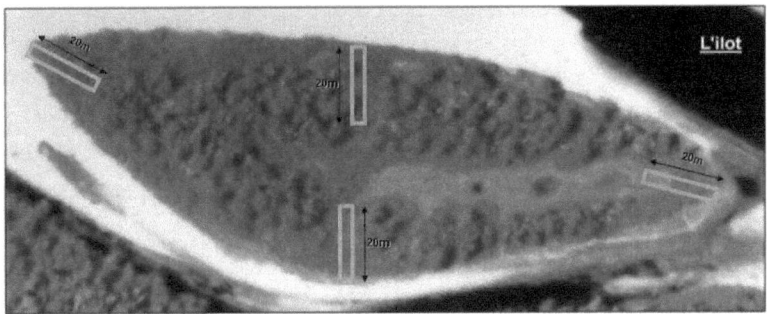

Figure 2.5   Plan d'échantillonnage de la végétation herbacée des îlots.

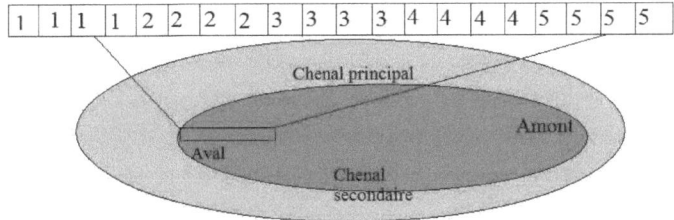

Figure 2.6   Schéma des transects formant le gradient hydrique divisés en strates de parcelles.

2.4   Analyse physico-chimique des sédiments

Sur les îlots, des carottes de sédiments ont été prélevées jusqu'à une profondeur de 15 cm à partir de la surface en éliminant l'humus. Après séchage, la moitié de ces sédiments, broyés, a servi à l'analyse chimique, l'autre moitié a servi à la détermination des caractéristiques granulométriques des sites après tamisage. Dans les sédiments, on a déterminé les éléments chimiques suivants : l'azote total (extraction par acide sulfurique), le phosphore total (extraction par acide chlorhydrique et par fluorure d'ammoniaque), le potassium (extraction par permanganate de sodium) et le carbone organique total (extraction par chromate de potassium et par sulfate ferreux).

2.5 Analyses statistiques

Nous avons comparé les caractéristiques physico-chimiques des sédiments, de la richesse et de la fréquence spécifique pour l'ensemble des espèces d'une part, et par groupe écologique d'autre part, à l'échelle des sites, au moyen de la méthode univariée d'analyse de variance (anova) pour échantillons appariés, en incluant les variables année, site, îlot et quadrat comme facteurs de classification. Nous avons choisi l'approche univariée plus simple et connue parce qu'elle s'avère être plus puissante pour détecter de vraies différences avec de faibles tailles d'échantillons que la méthode multivariée moins contraignante, mais plus complexe à calculer. Cette dernière sépare en effet la variable dépendante à chaque niveau du facteur intra-sujet (mesures répétées) comme dans l'analyse de variance multivariée (manova) où plusieurs variables réponses sont analysées simultanément, ce qui diminue le nombre de degrés de liberté de l'erreur et peut conduire à l'échec de la détection d'effets qui sont significatifs avec la méthode univariée. Quand les tests sont en désaccord, cela peut être causé par l'influence des données extrêmes, ou par les conditions d'utilisation des tests qui ne sont pas satisfaites par les données, ou parce qu'un test est moins puissant que l'autre, Wilkinson (Systat Statistics manual, 1990. page 301) affirme, *"If they [univariate and multivariate analyses] lead to different conclusions, you are usually [in 1988, it read "almost always"] safer trusting the multivariate statistic because it does not require the compound symmetry assumption."* Cette règle est généralement admise, mais pas pour de petits échantillons. La condition de dépendance des échantillons est prise en compte dans le calcul de l'erreur de chaque facteur produisant les valeurs de F critiques où chaque unité d'observation (sujet) est identifié par un code unique et traité comme « variable aléatoire » permettant de retrancher de la variation de la variable dépendante attribuable aux facteurs celle qui provient de la variation entre et pour les mêmes unités d'observation (inter et intra-sujet). La variable quadrat représente ici une portion de transect divisé en quatre groupes de quadrats délimitant un gradient d'humidité/productivité et de perturbation (figure 2.6). Au besoin, la variable dépendante a été transformée afin de linéariser les relations et respecter les conditions d'utilisation du test paramétrique, c'est-à-dire la continuité des données et l'homogénéité de la variance et de la covariance.

La similarité floristique des îlots, sites et quadrats, a été effectuée au moyen de l'indice ou le coefficient de communauté de Jaccard (Legendre & Legendre 2002). Nous avons choisi cet indice pour les trois raisons suivantes :

- cet indice est facile à calculer;
- en milieu fluvial, il peut être interprété comme une bonne indication sur le mode de dissémination des plantes. Les valeurs élevées de cet indice entre les sites indiquent que la dissémination par hydrochorie est dominante dans ce type de rivière;
- enfin, sur le plan statistique, l'indice permet de déterminer le degré de corrélation spatiale (effet de contagion) entre les sites. Les valeurs élevées indiquent que les mêmes espèces colonisent les sites successifs d'un même îlot.

Cet indice (son complément) mesure la diversité de type Beta (diversité partagée entre deux sites). Sachant que la mesure de similarité entre les différents niveaux d'analyse ne correspond pas à une distance métrique, les positions relatives des points (espèces) ne peuvent être représentées dans un espace euclidien. C'est la raison pour laquelle on a utilisé un coefficient binaire (présence-absence) asymétrique. Ce coefficient est considéré comme étant asymétrique et par conséquent ne prend pas en compte la double absence d'une espèce comme étant une mesure de similarité. La présence d'une espèce étant plus informative que son absence du point de vue statistique. Celle-ci peut être due à plusieurs facteurs et ne reflète pas nécessairement une différence dans le milieu (Legendre & Legendre 1998). L'équation de l'indice de Jaccard s'écrit comme suit :

$I_j = 100 \times (c)/(a+b-c)$

où a et b étant respectivement le nombre d'espèces du premier relevé X_a et le nombre d'espèces du second relevé X_b, c étant le nombre d'espèces en commun entre le premier et le second relevé.

CHAPITRE III

RÉSULTATS

3.1 Comparaison des données hydroclimatiques

La saison hydroclimatique 2010 sous influence de *El Niño* a été particulièrement sèche en comparaison avec la moyenne des dernières années (figure 3.1) comme le montrent les débits lâchers en aval (figure 3.2) durant les trois années étudiées. En ce qui concerne les précipitations (figure 3.3), les précipitations totales reçues enregistrées à la station de Saint-Michel-des-Saints pendant la période végétative (avril à septembre) ont été plus faibles en 2010 (440 mm) qu'en 2006 (745 mm) et 2011 (641 mm). On a enregistré presque deux fois moins de précipitations en 2010 que durant les deux autres années. Ce déficit de précipitations a généré une sécheresse hydrologique qui s'est traduite par une interruption complète des lâchers d'eau en aval du barrage. On a ainsi enregistré un record de 161 jours consécutifs sans le moindre lâcher d'eau en aval du barrage depuis son érection. Cette durée fut respectivement de 28 jours en 2006 et 30 jours en 2011 (voir Figure 3.4). Ainsi, le déficit cumulatif des débits durant la saison végétative en 2010 correspond à 97 % des débits totaux d'une saison hydrologique moyenne des 30 dernières années.

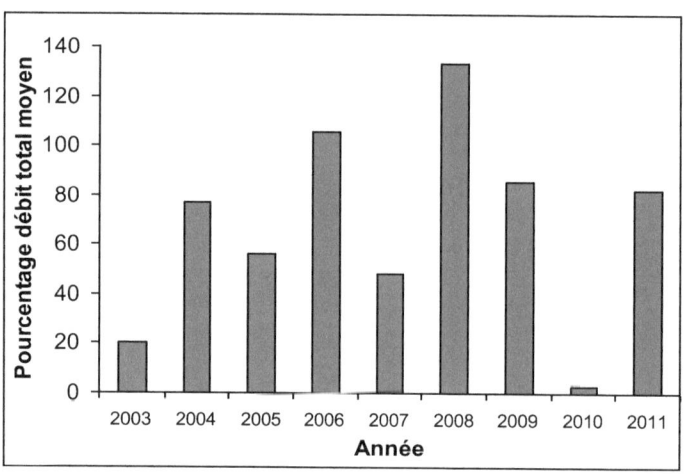

Figure 3.1 Pourcentage des débits totaux des dernières années par rapport à une saison hydrologique moyenne de 30 ans durant la période végétative.

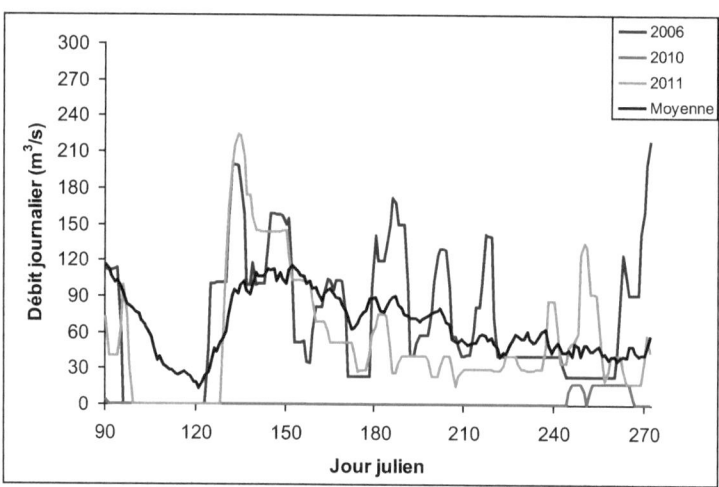

Figure 3.2 Débits journaliers moyens en aval du barrage Matawin des trois années et la moyenne des 30 dernières années.

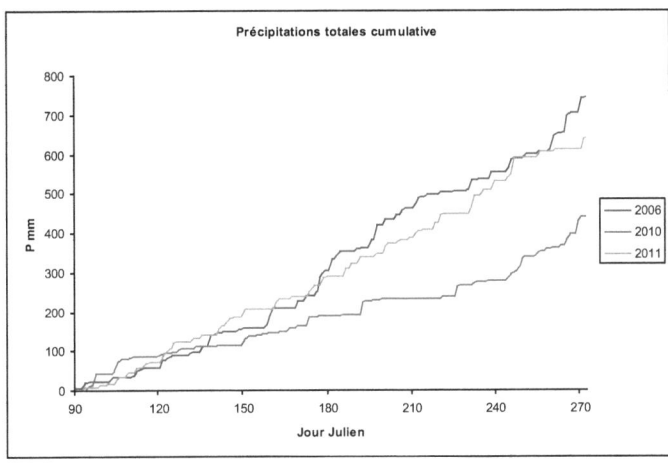

Figure 3.3 Comparaison des précipitations totales cumulatives pendant la période végétative en 2006, 2010 et 2011.

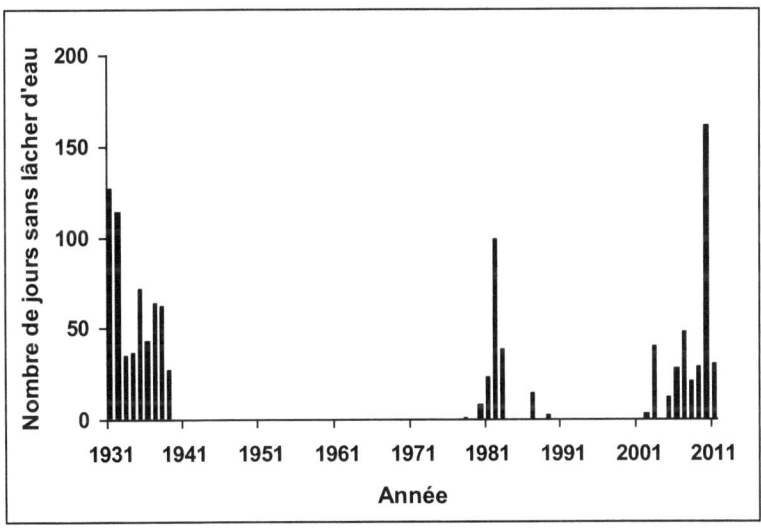

Figure 3.4 Variabilité interannuelle du nombre de jours sans lâcher d'eau en aval du barrage Matawin durant la période végétative.

26

3.2 Comparaison des caractéristiques physicochimiques des sédiments

La sécheresse hydrologique de 2010 a été accompagnée d'une réduction de la proportion de sédiments fins (argile et limon) des dépôts sablonneux des îlots, plus prononcée sur les deux îlots les plus près du barrage (figures 3.5 et 3.6). À l'été 2011, les sites CS des îlots B et C n'ont pas de données physicochimiques. Le limon représentait en moyenne 25 % de la masse des échantillons de sédiment en 2006 contre 7 % en 2010 et 8 % en 2011 tandis que l'argile comptait pour 6 % en 2006, 3 % en 2010 et 8 % en 2011. Spécifiquement, le site amont de l'îlot C est constitué presque exclusivement de carbone organique (matière sèche) provenant de l'accumulation et la décomposition des touffes denses de plantes graminoïdes pérennes. Enfin, les plus fortes teneurs en argile, pour tous les sites des trois années confondus, s'observe sur les sites aval des îlots A et C en 2011 avec 18 % et 14 % respectivement.

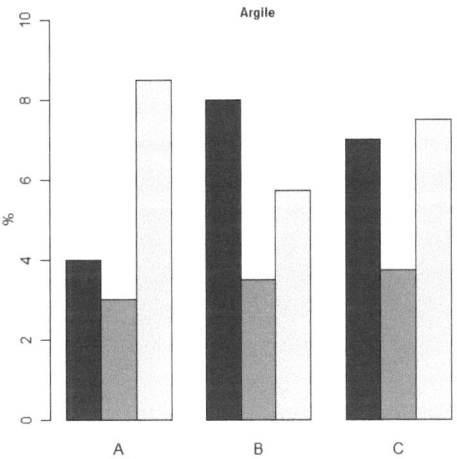

Figure 3.5 Comparaison de la teneur en argile des sédiments des trois îlots en 2006 (noir), 2010 (gris foncé) et en 2011 (gris clair).

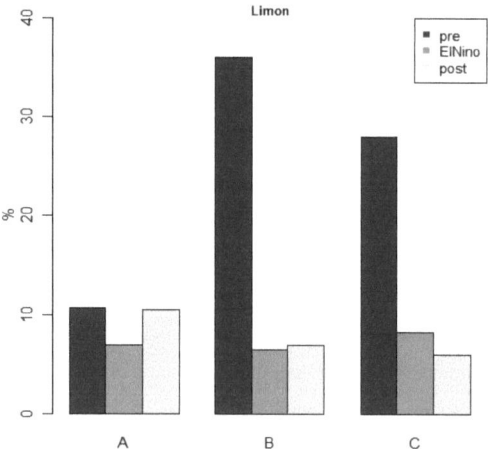

Figure 3.6   Comparaison de la proportion en limons des sédiments des trois îlots en 2006, 2010 et 2011.

Aucun changement notable des caractéristiques chimiques (azote, phosphore, potassium) des sédiments n'a été détecté à l'année de sécheresse hydrologique par rapport à l'année 2006 tandis que les concentrations des cations phosphore total et potassium ont diminué en 2011 (figure 3.7).

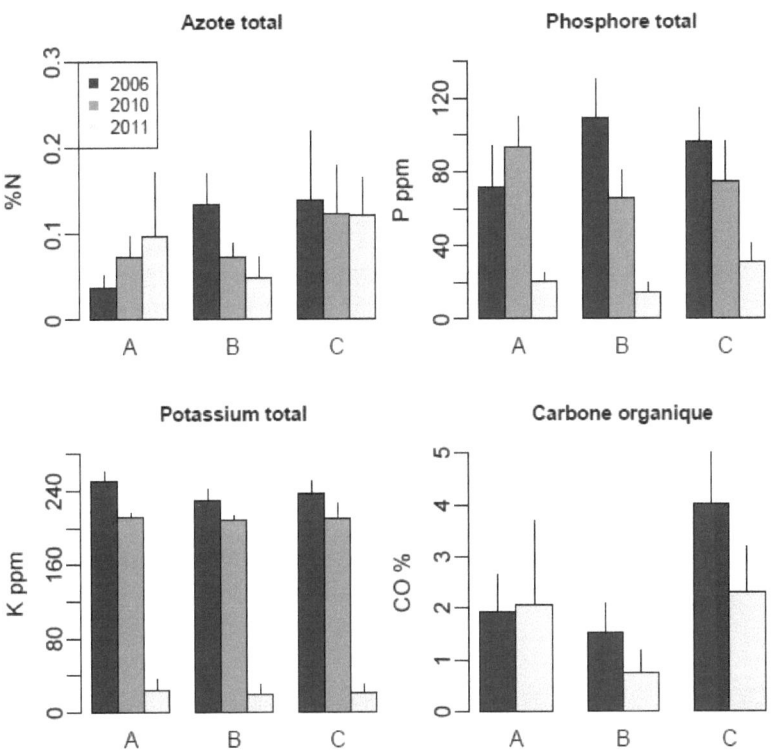

Figure 3.7 Comparaison de la teneur en N, K, P et CO des sédiments des trois îlots en 2006, 2010 et 2011.

3.3 Comparaison des caractéristiques de la végétation

3.3.1 Richesse spécifique, nombre d'espèces et proportion par écotype

Le tableau 3.1 présente les résultats de la richesse spécifique et du nombre d'espèces par écotype retrouvé sur les trois îlots. À première vue, on observe que la richesse spécifique est plus grande à l'année de sécheresse hydrologique de 2010 avec 64 espèces, soit 8 espèces de plus qu'en 2006 et 22 de plus qu'en 2011. D'autre part, par rapport à l'été 2006, l'été 2010 a connu le plus important changement de sa composition floristique (*turnover*), avec 22 nouvelles espèces, en excluant les 8 espèces additionnelles. Décliné par écotype, on trouve, en valeur absolue, 13 espèces humides de plus et 5 espèces terrestres de moins en 2010 relativement aux effectifs de 2006. En 2011, la diversité des trois groupes écologiques a subi une baisse significative par rapport aux effectifs de l'année précédente, affectant proportionnellement davantage les espèces facultatives et terrestres. On trouve ainsi 9 espèces humides de moins sur les 36 espèces de l'année précédente, 6 espèces facultatives de moins sur 16 et 7 espèces terrestres de moins sur 12. En proportion du nombre total d'espèces, on trouve que les espèces humides comptent pour une plus grande fraction au cours des trois relevés, passant de 41 % en 2006 à 56 % en 2010 puis à 64 % en 2011. À l'inverse, la proportion des espèces terrestres diminue concomitamment, passant de 30 % en 2006 à 19 % en 2010 puis 12 % en 2011. Pour ce qui est des espèces facultatives, leur proportion a légèrement diminué, passant de 29 % en 2006 à 24 % en 2011.

Tableau 3.1

Nombre et proportion d'espèces par écotype

	2006	2010	2011
H	23	36	27
	41	*56*	*64*
F	16	16	10
	29	*25*	*24*
T	17	12	5
	30	*19*	*12*

En italique la proportion d'espèces.

3.3.2 Richesse spécifique, nombre d'espèces et proportion des écotypes par îlot

La comparaison de la richesse spécifique des trois îlots en 2006, 2010 et 2011 est présentée au tableau 3.2. Il ressort de ce tableau que la richesse spécifique varie d'une année à l'autre et d'un îlot à l'autre. Cette variation est caractérisée par une hausse systématique pour les trois îlots en 2010 suivie d'une baisse systématique en 2011 par rapport aux effectifs des années antérieures. L'analyse de variance à trois critères de classification pour mesures répétées de la richesse spécifique totale (annexe C) à l'échelle des sites montre un effet significatif de l'année ($p = 0{,}004$). Le changement le plus important a été observé sur les îlots A et B. Le nombre d'espèces y a d'abord presque doublé entre 2006 et 2010 pour diminuer ensuite de plus de moitié en 2011 (tableau 3.2). D'une année à l'autre, la richesse de l'îlot C est demeurée la plus stable, avec des variations deux fois moins grandes que celle des deux autres îlots. Il apparaît aussi que l'écart de la richesse entre les îlots est généralement la plus faible en 2006. Lorsqu'on analyse les trois groupes écologiques séparément (tableau 3.3), les changements ont surtout affecté les groupes écologiques des espèces inféodées aux milieux humides ($p < 0{,}001$) et les espèces terrestres tandis que le nombre d'espèces facultatives ne présente pas de variations interannuelles significatives ($p = 0{,}063$). Le nombre d'espèces du premier groupe écologique a plus que doublé sur les trois îlots entre 2006 et 2010; avec un accroissement plus important d'espèces avec la distance des îlots par rapport au barrage. Les îlots C, B et A gagnent ainsi 12, 15 et 17 espèces humides respectivement. Quant au second groupe écologique, il a complètement disparu sur deux îlots en 2011. Pour ce qui est de la proportion du nombre d'espèce des écotypes par îlot, on remarque que pour chacun des écotypes celle-ci est la plus homogène à des années différentes. Ainsi, la proportion des espèces humides des trois îlots est la plus homogène à l'année 2010, en 2011 pour les espèces facultatives et en 2006 pour les espèces terrestres. Finalement, la proportion du nombre d'espèces humides (terrestres) des trois îlots augmente (diminue) au cours des trois années, à l'exception de l'îlot C en 2011 où elle demeure stable.

Tableau 3.2

Richesse spécifique par îlot

Îlot	2006	2010	2011
A	38	52	26
B	37	52	28
C	39	46	36

Tableau 3.3

Nombre et proportion (italique) d'espèces par écotypes et îlots

	2006			2010			2011		
	H	F	T	H	F	T	H	F	T
A	14	13	11	31	10	11	20	6	0
	37	*34*	*29*	*54*	*18*	*19*	*77*	*23*	*0*
B	17	10	10	32	11	9	21	7	0
	46	*27*	*27*	*59*	*20*	*17*	*75*	*25*	*0*
C	15	13	11	27	13	6	21	10	5
	38	*33*	*28*	*57*	*28*	*13*	*58*	*28*	*14*

3.3.3 Fréquence spécifique totale, fréquence spécifique et proportion des écotypes

Le tableau 3.4 présente la fréquence spécifique des trois écotypes ainsi que leur proportion et la fréquence spécifique totale pour les trois années. On constate que la fréquence spécifique totale a plus que doublé en 2010 pour ensuite diminuer de presque 40 % en 2011 par rapport aux années précédentes. Pour ce qui est des écotypes, on trouve que leur fréquence spécifique est relativement faible et homogène en 2006 tandis qu'en 2010 celle des espèces humides a plus que quintuplé alors que celle des espèces facultative et terrestre est restée pratiquement inchangée, et qu'en 2011 elle diminue chez les trois écotypes. Les tableaux 3.5 et 3.6 présentent les mêmes résultats déclinés par îlot. On y voit que d'une année à l'autre, la répartition de la fréquence spécifique totale entre les trois îlots n'est pas la même, mais l'îlot C compte la plus faible proportion les deux dernières années. Par exemple, la fréquence spécifique cumulative des îlots est la plus équitable en 2006 et inversement en 2010 où elle augmente avec la distance au barrage. Ainsi, par rapport aux effectifs de l'année 2006, on enregistre 225 fréquences de plus sur l'îlot C, 454 sur l'îlot B et 595 sur l'îlot A. En ce qui a trait à la fréquence spécifique des écotypes par îlot (tableau 3.6), on trouve que celle des espèces humides quadruple en 2010 tandis que celle des espèces facultatives et terrestres reste sensiblement la même, sauf sur l'îlot C où il y a diminution des espèces terrestres. En 2011, la fréquence spécifique des trois écotypes diminue, particulièrement chez les espèces terrestres où elles disparaissent sur deux des trois îlots.

Tableau 3.4

Fréquence spécifique cumulative et relative (italique) par écotypes

	2006	2010	2011
H	329	1661	1157
	34	*74*	*84*
F	393	397	220
	41	*18*	*16*
T	230	192	7
	24	*9*	*0,5*

Tableau 3.5

Fréquence spécifique cumulative et relative (italique) par îlots

	2006	2010	2011
A	322	926	444
	34	*41*	*32*
B	269	725	568
	28	*32*	*41*

	C	363	599	372
		38	*27*	*27*

Tableau 3.6

Fréquence spécifique cumulative et relative (italique) des trois écotypes par îlots

	2006			2010			2011		
	H	F	T	H	F	T	H	F	T
A	134	93	95	669	166	91	389	55	0
	42	*29*	*30*	*72*	*18*	*10*	*88*	*12*	*0*
B	102	124	43	569	109	47	478	90	0
	38	*46*	*16*	*78*	*15*	*6*	*84*	*16*	*0*
C	105	166	92	423	122	54	290	75	7
	29	*46*	*25*	*71*	*20*	*9*	*78*	*20*	*2*

3.3.4 Nombre total d'espèces et proportion des écotypes par sites

Tel que présenté au tableau 3.7, l'écart maximal du nombre total d'espèces entre les types de site diminue au cours du temps, passant du simple au double en 2006, à quinze espèces en 2010 et à six en 2011. Les sites amont sont les seuls à avoir connu une diminution du nombre d'espèces à l'année de sécheresse sous influence d'*El Niño* en 2010. L'analyse de variance du nombre d'espèces des sites montre d'ailleurs un effet significatif de l'interaction site*AN sur le nombre total d'espèces (p = 0,05) et le nombre d'espèces terrestres (p = 0,013). L'effet de la variable site n'est significatif qu'à l'année 2010 (KW-X^2 = 7,86 df = 3 p = 0,049), où les sites amont ont en moyenne un moins grand nombre d'espèces et les sites aval comptent un plus grand nombre d'espèces terrestres. Les sites aval et chenal secondaire d'une part, et chenaux secondaire et principal d'autre part, montrent les plus fortes variations du nombre d'espèces avec un gain de 20 espèces entre 2006-2010 suivies d'une perte équivalente entre 2010-2011 respectivement. Quant à la proportion des écotypes, elle est la plus homogène entre les 4 types de sites à l'année de sécheresse hydrologique pour les espèces humides (58-66 %) et la moins en 2011 (59-79 %) où la proportion d'espèces humides des sites chenal secondaire est au minimum 13 % inférieure (tableau 3.8). La même proportion pour les espèces facultatives est la plus homogène en 2006 (28-33 %) et celle des espèces terrestres diffère de 11-13 % d'un site à l'autre à l'une ou l'autre des années.

Tableau 3.7

Nombre total d'espèces par type de sites

	2006	2010	2011
Amont	46	38	29
Aval	23	44	28
Chenal Pr	31	47	26
Chenal Sec	33	53	32

Tableau 3.8

Proportion des trois écotypes par type de sites

	2006			2010			2011		
	H	F	T	H	F	T	H	F	T
Amont	39	28	33	66	21	13	79	21	0
Aval	48	30	22	59	16	25	72	24	3
Chenal Pr	44	28	28	54	21	15	78	19	4
Chenal Sec	36	33	30	58	25	17	59	28	13

3.3.5 Proportion d'espèces uniques et fréquence spécifique moyenne

Le tableau 3.9 présente les résultats de différentes mesures de la fréquence relative moyenne des espèces uniques. On y observe que les espèces uniques par îlot sont en proportion plus nombreuses en 2006 (22±7) et 2010 (19±1) comparé à l'année 2011 (14±8). À l'année 2006, l'îlot A compte une proportion deux fois plus grande d'espèces uniques que l'îlot C (15) et inversement en 2011 où ce dernier en compte trois fois plus que l'îlot B (7). La fréquence cumulative relative moyenne d'espèces uniques par site groupé par îlot est plus faible en 2010 (21±3) comparativement aux années 2006 (28±4) et 2011 (26±8). Groupé par type de site, la fréquence cumulative relative moyenne d'espèces uniques est aussi la plus faible à l'année *El Niño* (21±5) et la plus grande en 2006 (29±5). Elle est significativement plus faible sur les sites amont (0,22) en 2006 et plus grande sur les sites CS en 2010 (0,27) et 2011 (0,31). La fréquence spécifique moyenne d'espèces uniques pour les 12 sites des trois îlots est la plus faible en 2010 (20±8) comparé aux années 2006 (28±8) et 2011 (27±13). Les sites amont et/ou aval comptent la plus faible proportion d'espèces uniques à l'une ou l'autre des trois années et inversement pour les sites CP et /ou CS. Le tableau 3.10 montre que la fréquence des espèces recensées dans au moins 3 parcelles est présente en moyenne dans un plus grand nombre de sites en 2010 (7,4) et 2011 (6,9) qu'en 2006 (4,7). Similairement, ces espèces sont présentes dans deux fois plus de parcelles en 2010 (46) et 2011 (44) qu'en 2006 (21). Ainsi, par site, les espèces sont en moyenne présentes dans 4,4 parcelles en 2006, 6,2 parcelles en 2010 et 6,4 parcelles en 2011. Les espèces d'un îlot sont en moyenne présentes dans un plus grand nombre de parcelles sur l'îlot A (22) en 2010; sur les îlots A (19) et B (22) en 2011 et varie de 9-12 parcelles entre les 3 îlots en 2006 (tableau 3.11).

Tableau 3.9

Proportion d'espèces uniques à différents niveaux d'analyse

	2006	**2010**	**2011**
îlot	22±7	19±1	14±8
site	29±5	21±5	25±4
site/îlot	28±4	21±3	26±8
ilot:site	28±8	20±8	27±13

Tableau 3.10

Fréquence spécifique individuelle moyenne

	2006	2010	2011
site	4,7	7,4	6,9
quadrat	21	46	44
qd/site	4,4	44	6,4

Tableau 3.11

Fréquence spécifique individuelle moyenne par îlot

	2006	2010	2011
A	12	22	19
B	9	17	22
C	11	16	13

3.3.6 Fréquence spécifique cumulative relative des espèces.

Tel que présenté par la figure 3.8, la fréquence cumulative relative des espèces est la plus inégale durant les années 2006 et 2011, où les espèces dominantes comptent pour une plus grande proportion de la fréquence spécifique cumulative totale. L'écart est particulièrement prononcé en 2006 où, l'espèce la plus fréquente compte pour presque le double (0,13) de la fréquence relative de la seconde espèce la plus fréquente (0,07). En 2006, les dix espèces les plus fréquentes comptent pour 56 % de la fréquence cumulative totale, 54 % en 2010 et 69 % en 2011. Trois fois plus d'espèces (9) sont dominantes dans au moins la moitié des sites en 2010 et 2011.

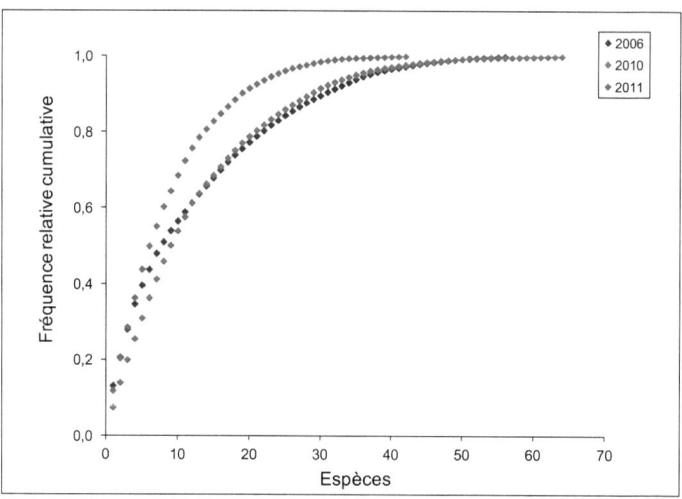

Figure 3.8 Courbe d'accumulation de la fréquence cumulative relative des espèces pour les 3 années.

3.3.7 Patron de distribution des écotypes le long du gradient hydrique

Le patron de distribution de la fréquence spécifique cumulative moyenne le long du gradient hydrique des sites est significativement différent pour les espèces humide (F = 17,15; p < 0,001) et terrestre (F = 5,52; p < 0,001) à l'année 2006 (figure 3.9). La fréquence des espèces humides augmente ainsi des parcelles intérieures plus sèches des îlots vers les parcelles extérieures plus humides et inversement pour les espèces terrestres. Quant à la similarité entre les paires de quadrats (1-5) du gradient écologique, elle est plus élevée entre les quadrats situés aux extrémités opposées du gradient hydrique à l'année 2006 seulement (annexe E). L'effet de la variable quadrat (1-5) est aussi significatif à l'année hydrologique 2006 sur la proportion d'espèces humides (p < 0,001) et terrestres (p < 0,001) (Tableau C3 et annexe D).

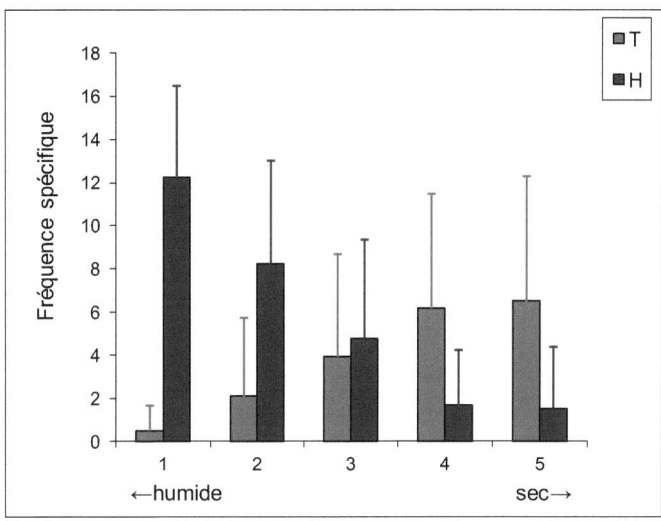

Figure 3.9 Distribution de la fréquence spécifique moyenne (±sd) des espèces humide et terrestre le long du gradient hydrique en 2006.

3.3.8 Similarité compositionnelle entre années, îlots et sites

Les valeurs des coefficients de similitude de Jaccard des îlots sont présentées au tableau 3.12. Il ressort de ce tableau trois observations majeures :

- Les valeurs de ces coefficients sont plus élevées (> 50 %) pour les mesures effectuées sur la même année. En d'autres termes, la similarité floristique de trois îlots est plus forte durant la même année. La plus forte valeur du coefficient a été observée entre les îlots B et C en 2010.
- Les valeurs des coefficients de similitude de Jaccard ne dépendent pas de la distance de l'îlot au barrage.
- La similarité floristique pour un même îlot est la plus grande entre 2010 et 2011 (0,38-0,48).

Pour ce qui est de la similarité moyenne entre les sites d'un même îlot, elle est la plus grande et homogène sur les îlots A (0,61±0,03) et B (0,55±0,07) en 2010 (voir Annexe F). La similarité moyenne des sites de l'îlot C est la plus faible et stable (0,34-0,38±0,10-0,15) d'une année à l'autre, tandis que pour les deux autres îlots elle varie de plus de 50 %. Quant à la similarité par types de site, on trouve que les sites aval sont les plus dissemblables (0,26-0,33) en 2006, de même que les sites amont (0,21-0,45) en 2010.

Tableau 3.12

Valeurs des coefficients de similitude de Jacquard

	A2006	B2006	C2006	A2010	B2010	C2010	A2011	B2011
B2006	53,1							
C2006	54	52						
A2010	28, 4	30,6	28					
B2010	29,6	35,8	29,2	68,2				
C2010	23,2	29,2	32,3	62,5	71,2			
A2011	30,6	31,3	27,5	35,1	33,3	35,2		
B2011	26,9	30	28,9	32,8	39	36,4	68,8	
C2011	35,6	40,4	41,5	43,1	42,9	48,2	59	60

3.3.9 Relations entre les facteurs abiotiques et la proportion des écotypes

Afin de mieux interpréter l'effet de la variation interannuelle des débits en aval du barrage Taureau sur la proportion d'espèce par écotypes, nous avons calculé les coefficients de corrélation entre les variables physico-chimiques et la proportion des écotypes sur chaque site pour les trois années. Les valeurs des coefficients de corrélation sont présentées au tableau 3.13. Les valeurs de corrélations sont faibles en 2006 et 2010, particulièrement chez les espèces facultatives la première année, tandis qu'en 2011 les valeurs sont élevées chez les espèces de milieux humides et facultatives. Spécifiquement, la proportion des espèces de milieux humides est négativement corrélée à tous les facteurs abiotiques sauf la teneur en sable en 2006 et 2011, tandis que la proportion des espèces facultatives des milieux humides est négativement corrélée à la teneur en limon et argile en 2010 et inversement en 2011. Enfin, la proportion des espèces de milieux terrestres est positivement corrélée à la teneur en phosphore et en argile en 2010.

Tableau 3.13

Valeurs des coefficients de corrélation entre les variables abiotiques et la proportion des écotypes

	2006			2010			2011		
	H	F	T	H	F	T	H	F	T
N	-0,296	0,325	0,112	-0,217	-0,304	0,151	**-0,782**	0,343	0,009
P	-0,389	-0,046	0,14	**-0,706**	-0,224	**0,44**	**-0,475**	0,207	0,163
K	0,259	0,001	0,097	0,363	0,088	0,009	**-0,773**	**0,579**	-0,119
Sable	0,287	-0,035	-0,166	0,171	0,122	0,043	**0,814**	**-0,583**	0,036
Limon	-0,279	0,055	0,181	-0,007	**-0,64**	0,09	**-0,784**	**0,649**	-0,105
Argile	-0,324	-0,082	0,074	-0,079	**-0,45**	**0,301**	**-0,827**	**0,449**	-0,079

Les résultats de l'analyse en composantes principales effectuée sur la matrice des pourcentages des écotypes des 12 sites pour les trois années (annexe E) sont résumés au tableau 3.14 et sur la figure 3.10. La variance cumulative totale expliquée par l'espace des deux axes principaux compte pour 53,7% de la variabilité totale du pourcentage des écotypes des sites. Les valeurs des contributions (poids) des écotypes pour les trois années sur les deux composantes principales indiquent que celles-ci ne permettent pas de différencier les années. En effet, les deux axes sont corrélés entre eux aux années 2006 et 2010. Le premier axe est positivement corrélé au pourcentage des espèces de milieux terrestres en 2010 et 2011 et négativement à celui des espèces de milieux humides et terrestres des années 2010 et 2011, et 2006 respectivement. Le second axe est positivement corrélé au pourcentage des espèces de milieux humides en 2006 et inversement à celui des espèces facultatives de milieux humides en 2006 et 2010. En revanche, l'ACP sépare les sites en fonction de leur position spatiale. Tel que présenté à la figure 3.10, le premier axe sépare les sites aval et chenal secondaire d'une part, avec des scores positifs, des sites amont, avec des scores négatifs, tandis que le second axe sépare les sites de l'îlot B, avec des scores négatifs, des autres sites. Le premier axe sépare ainsi les sites d'après leur position par rapport au chenal en fonction des pourcentages d'espèces terrestres en 2006 et 2010 et d'espèces humides en 2010 et 2011. Le second axe quant à lui sépare les sites en fonction des pourcentages des espèces humides en 2006 et facultatives en 2010. Autrement, les axes séparent les sites en fonction des variations interannuelles des pourcentages des espèces humides et terrestres entre 2006 et 2010. Les sites qui ont connu une hausse significative du pourcentage d'espèces humides ont des scores négatifs sur l'un ou l'autre des deux axes, et inversement les sites qui ont connu une hausse significative du pourcentage d'espèces terrestres ont des scores positifs.

Tableau 3.14

Loading values des pourcentages des trois groupes écologiques pour les trois années.

	2006			2010			2011			VE(%)
	H	F	T	H	F	T	H	F	T	
PC1	0,193	0,329	**-0,548**	**-0,644**	-0,208	**0,772**	**-0,728**	**0,565**	**0,632**	0,305
PC2	**0,888**	**-0,744**	-0,32	0,302	**-0,68**	0,257		0,105		0,232

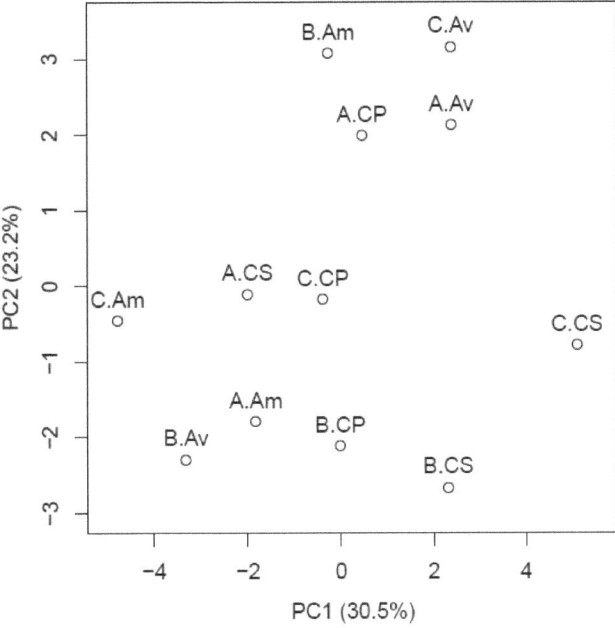

Figure 3.10 Position des sites dans l'espace définit par les deux premières composantes principales significatives.

CHAPITRE IV

DISCUSSION

Bien que survenant dans la région Pacifique tropicale centrale, *El Niño* est un phénomène atmo-océanique dont les impacts climatiques et hydrologiques sont planétaires. Selon Shabbar (2006), *El Niño* est considéré comme un des principaux facteurs de la variabilité climatique au Canada. Ainsi, plusieurs auteurs ont déjà observé une corrélation significative entre ce phénomène et les précipitations, la température et les débits de rivières (p. ex. Anctil et Coulibaly, 2004; Assani *et al.*, 2009; 2010; 2011a; 2011b; Coulibaly et Burn, 2004; 2005; Shabbar, 20006; Shabbar *et al.*, 1997). Dans la partie méridionale du Canada, les épisodes *El Niño* sont généralement associés à une température hivernale au-dessus de la normale, mais à des précipitations hivernales au-dessous de la normale.

Dans le bassin versant de la rivière Matawin, l'épisode *El Niño* 2009/2010 a été associé à une forte diminution des précipitations dont le déficit cumulé pendant la période végétative en 2010 a dépassé 50 %. Ce déficit a eu un impact important sur la gestion des eaux en aval du barrage Matawin. Rappelons que ce barrage a été construit principalement pour alimenter en hiver les centrales hydroélectriques construites en aval sur la rivière Saint-Maurice. Pour éviter toute pénurie en eau en raison de ce grave déficit pluviométrique survenue au printemps et en hiver en 2010, on a stocké toute l'eau provenant de l'amont dans le réservoir. Il s'est ainsi produit une grave sécheresse hydrologique en aval du barrage. Cette sécheresse s'est traduite par plus de 130 jours sans le moindre lâcher d'eau au niveau du barrage. C'est la plus longue séquence de périodes sans lâcher d'eau depuis la construction du barrage. Néanmoins, toutes les longues séquences des jours sans lâcher d'eau en aval du barrage ne sont pas associées aux épisodes *El Niño*. De fait, si on considère les 30 dernières années (figure 4.1), l'événement *El Niño* 2009-2010 n'est pas l'épisode le plus intense observé depuis les

30 dernières. Il n'existe donc pas une corrélation entre l'intensité des épisodes *El Niño* et la durée du nombre des jours sans lâchers d'eau en aval du barrage de Matawin. Ainsi, les épisodes *El Niño* des années 1982/83 et 2007/2008, considérés comme les plus intenses depuis le 20e siècle, ne sont pas associés à des séquences particulièrement longues des jours sans lâchers d'eau (voir figure 3.4).

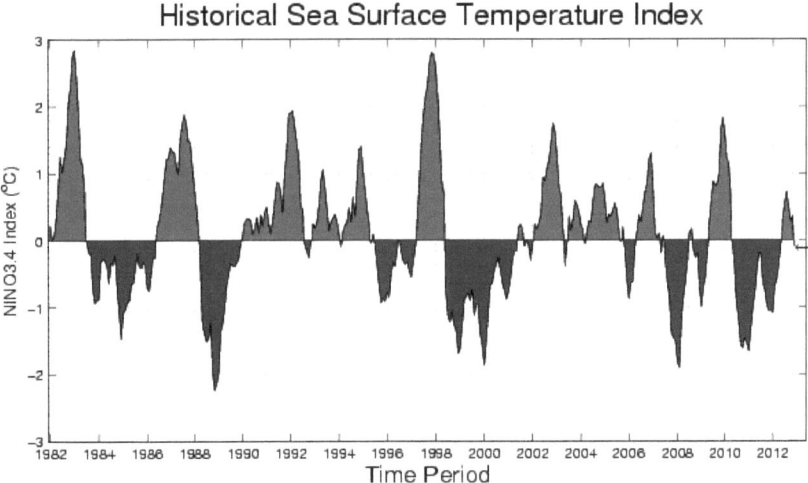

Figure 4.1   Variation de la température de surface océanique dans la région Nino3.4 au cours des 30 dernières années.
Les pics rouges correspondent à l'occurrence des épisodes *El Niño* (source : http://iri.columbia.edu/climate/ENSO/currentinfo/QuickLook.html)

4.1   Relation entre l'hydrologie et la variation des classes granulométriques des îlots

En ce qui concerne la composition physico-chimique des sédiments des îlots, le changement le plus important est la diminution significative de la teneur en argile et en limon observée à l'année 2010 sur les trois îlots. Cette diminution résulte sans le moindre doute de l'érosion de ces particules fines. En raison de la diminution des débits en 2010, on peut affirmer que cette diminution ne s'était pas produite à cette année.

L'analyse des débits journaliers lâchés en aval du barrage entre 2006 et 2010 révèle que les débits étaient particulièrement élevés durant les quatre années qui ont précédé 2010 (figure 4.2). En effet, des débits supérieurs à 150 m^3/s capables d'éroder les particules fines ont été fréquemment lâchés durant ces années. Ceci peut donc expliquer la diminution de la quantité des limons et d'argiles sur les îlots observée en 2010. Ce phénomène d'érosion des îlots en aval du barrage a été bien documenté par Hubert (2011). En règle générale, les îlots situés en aval du barrage sont soumis aux processus de sédimentation lorsque les débits sont faibles et d'érosion lorsque les débits sont relativement élevés.

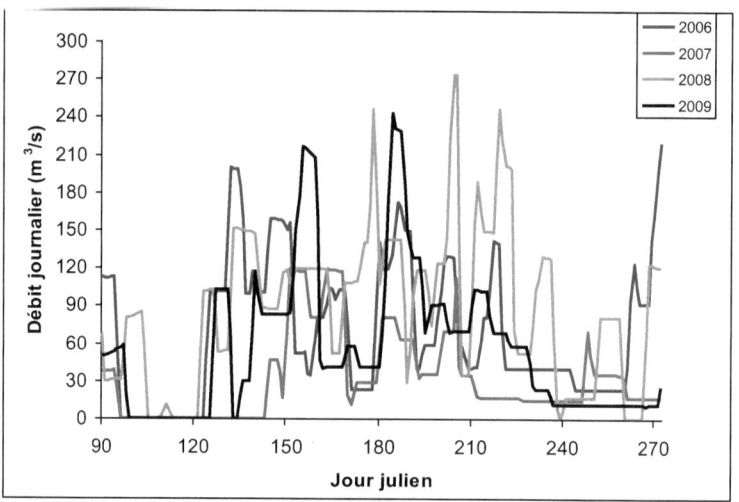

Figure 4.2   Comparaison de la variabilité des débits journaliers lâchés en aval du barrage durant la période végétative de 2006 à 2009.

Puisque l'îlot A est le plus éloigné du barrage et reçoit les eaux de ruissellement d'une plus vaste région du bassin versant de la rivière Matawin, sa teneur en éléments fins est restée relativement stable malgré l'événement *El Niño* qui a asséché le lit une grande partie de l'année. Cela peut supporter l'existence de l'effet d'estompement causé par les apports sédimentaires provenant des affluents du bassin versant et des biefs de la rivière Matawin sur les caractéristiques sédimentaires des îlots. Les affluents contribuent possiblement au maintien des caractéristiques sédimentologiques de l'îlot A en raison de leur régime naturel et de l'érodibilité de leurs biefs. L'ajustement des tributaires à la diminution du débit d'une rivière causé par la présence de réservoir se manifeste entre autres par une augmentation de l'érosion des berges près de la confluence pour compenser la diminution de la charge sédimentaire associée à l'incision et la diminution de la surface du chenal principal (Petts 1979). Le principal effet des changements d'un cours d'eau principal sur les tributaires va souvent être un changement dans leur niveau de base. Plusieurs raisons existent pour cela (Germanoski & Ritter 1988) : (i) La dégradation du lit du chenal va diminuer le niveau d'eau du tronçon de la rivière à n'importe quel débit; (ii) l'élargissement du chenal par l'érosion des berges du tronçon de la rivière va produire le même effet; et (iii) si la régulation de l'écoulement est significative, le débit maximal du tronçon de la rivière va être hors de phase avec le débit maximal des cours d'eau tributaires non régulés. Le troisième effet a, par exemple, été noté au Canada où les tributaires s'ajustent en dégradant leur lit près de la jonction avec le chenal principal (Kellerhals & Gill 1973).

À l'opposé, les deux îlots les plus proches du barrage (C :6km et B :39km vs A :48km), dont la contribution relative des débits relâchés en aval du barrage est plus importante, ont été particulièrement affectés par l'absence de débits provenant du réservoir qui est leur source principale de sédiments fins. Le réservoir est la source principale de sédiments fins des tronçons en aval de celui-ci par son remplissage annuel au printemps qui crée la charge sédimentaire annuelle contribuant au bilan sédimentologique des îlots. Les débits relâchés au printemps sont donc une source importante de sédiments fins pour les îlots et les plantes qui y sont inféodées, malgré leur faible importance relativement aux débits hivernaux qui au contraire peuvent être érosifs. En effet, durant la saison de croissance la végétation des îlots augmente la friction et favorise le dépôt de sédiments fins. Les relâchements de débits printaniers en aval du barrage occupent donc une plus grande importance sur les apports en sédiments fins des îlots dont les phases d'accumulation et/ou d'érosion ont été intimement liées à la gestion du réservoir comparativement à l'îlot d'érosion.

4.2 Historique géomorphologique des îlots et variation interannuelle de la végétation

Les résultats des caractéristiques de la végétation herbacée des îlots peuvent s'expliquer par des facteurs responsables de l'évolution géomorphologique des îlots à la suite du changement du mode de gestion du barrage au cours des années 1960 tel que documenté par Ibrahim (2009). L'emplacement relatif des îlots par rapport au barrage est fortement corrélé à leur évolution géomorphologique distincte. On distingue ainsi trois trajectoires géomorphologiques selon l'emplacement des îlots par rapport au barrage : un bilan d'accumulation positif pour l'îlot C (6km) situé dans le bief immédiatement en aval du barrage, une phase d'alternance de sédimentation et d'érosion pour l'îlot B (39km) situé dans le bief médian, et finalement un lent régime d'érosion pour l'îlot A (48km) situé dans le bief inférieur près de la confluence avec la rivière Saint-Maurice.

L'influence des évolutions géomorphologiques distinctes des îlots peut aussi être retracée dans l'analyse de la variabilité interannuelle de la végétation de la présente étude. Par exemple, les deux îlots qui ont subi des phases d'érosion significatives (A :48km et B :39km) comptent six espèces de plus que l'îlot d'accumulation (C :6km) à l'année *El Niño*. En outre, par rapport à l'été 2011, les îlots A et B comptent presque le double d'espèces en 2010, alors que l'îlot C en compte seulement dix de plus sur 36. Même entre les deux îlots plus près de la confluence, l'influence de leur hydrogéomorphologie est visible sur la fréquence spécifique cumulative observée à l'année de sécheresse hydrologique. L'îlot A situé dans un bief rapide compte ainsi 200 fréquences de plus que l'îlot B situé dans un bief lent, dont la moitié est attribuable aux espèces humides. Si on considère que les graines et propagules de la majorité des espèces sont déposées sur les îlots principalement durant les crues automnales et hivernales, et qu'aucune perturbation majeure n'est ensuite venue affecter les îlots durant l'année de sécheresse hydrologique, on peut alors considérer que la richesse spécifique trouvée l'année *El Niño* reflète les caractéristiques hydrogéomorphologiques des îlots, sachant que les conditions de germination et de croissance des plantes y étaient plus favorables. L'érosion est un phénomène intégral des processus géomorphologiques qui contribuent à maintenir l'établissement des plantes riveraines et la succession des communautés végétales, en exposant les couches sédimentologiques d'âges différents favorisant le maintien de la diversité écologique (Steiger *et al.* 2005, Tabacchi & Planty-Tabacchi 2005). En effet, l'érosion peut améliorer les conditions de germination des graines enfouies dans le substrat au fil des ans en exposant celles-ci à des conditions environnementales favorables (lumière, échanges de gaz, température, nutriments) en plus de créer des zones d'hétérogénéité spatiale et environnementale, contrairement à la sédimentation qui favorise plutôt la dormance et la préservation des graines (Blom *et al.* 1990). Ainsi, la plus grande richesse et fréquence spécifique des îlots A (48km) et B (39km) peut être liée à l'effet de l'érosion plus prononcée sur ces îlots en raison de leur éloignement plus important du barrage qui augmente la force des crues durant les années humides comme en 2006-2009.

L'âge et les caractéristiques géomorphologiques des îlots peuvent, nonobstant leur position relative dans le chenal par rapport au barrage, expliquer les écarts de la richesse et de l'abondance spécifique observés à l'année de sécheresse extrême. En effet, malgré que les barrages peuvent retenir les graines/propagules (Liu *et al.* 2009), des études ont montré que la richesse spécifique retrouvée dans le flot d'eau récupère sur de courtes distances en aval des réservoirs (p. ex. 3 km; Merritt & Wohl 2006) à partir des influx locaux. La plus forte fréquence spécifique cumulative de l'îlot A l'année *El Niño* peut ainsi s'expliquer par le fait qu'il se situe dans un bief rapide ce qui augmente la turbulence et le taux de déposition des graines provenant d'une plus grande superficie du bassin versant tandis que lors des années humides l'érosion prédominante empêche la régénération des plantes à partir des graines, ce qui n'est pas le cas de l'îlot B qui se trouve dans un bief lent. L'îlot C ayant connu la plus grande et rapide augmentation de superficie après la construction du barrage (Ibrahim 2009), il est donc d'un point de vue géomorphologique plus ancien que les deux autres qui ont connu des évolutions plus graduelles. La stabilité des formes d'accrétion fluviales comme les îlots est directement reliée à la vitesse du taux d'aggradation qui détermine leur résistance aux perturbations hydrauliques (Hupp & Osterkamp 1996, Gilvear & Willby 2006). On peut ainsi considérer que l'îlot C (6km), avec son rehaussement plus élevé au-dessus du lit de la rivière, est par conséquent celui dont la végétation est la moins affectée par les processus de dégradation durant les années humides. Corollairement, c'est aussi l'îlot dont la végétation a la plus grande influence sur son évolution et sa stabilité géomorphologique (Gurnell *et al.* 2001, Corenblit *et al.* 2007) par l'effet d'isolement plus important (connectivité plus faible) à l'influence du chenal actif réduisant l'action destructrice des perturbations. L'évolution géomorphologique rapide de cet îlot, en association avec les fortes amplitudes du régime (de perturbation) hydrologique dans le tronçon supérieur de cet îlot, a ainsi favorisé le développement d'espèces stabilisatrices tolérantes aux perturbations/stress profitant des flux de pulsation des ressources (Grime & Hodgson 1987, Conchou & Fustec 1988, Gleeson & Tilman 1994, Keddy *et al.* 2000).

En effet, l'alternance de périodes humide et sèche favorise à long terme les plantes graminoïdes clonales dont la faible densité massique des tissus, le taux photosynthétique élevé et l'accumulation de ressources dans des organes de translocation leur permettent d'exploiter rapidement les ressources et l'espace après les perturbations tout en stabilisant les sédiments (Conchou & Fustec 1988, Ryser 1996, Barnes 1999, Keddy *et al.* 2000, Oldland & del Moral 2002). Xu *et al.* (2008) ont par exemple trouvé, dans une étude sur le rôle des crues expérimentales pour la restauration écologique d'un fleuve aride aménagé en Chine, que la répétition et le temps depuis la dernière crue de débordement en aval d'un réservoir avaient pour effet d'augmenter la richesse et la diversité de la végétation riparienne, principalement d'annuelles à partir de la banque de graines, mais qu'au-delà d'un certain seuil, la diversité diminue au profit de graminées adaptées aux différentes formes de stress hydrique. Semblablement, Nilsson *et al.* (2002) ont trouvé que les plantes herbacées étaient plus fréquentes dans les biefs turbulents et les plantes graminoïdes plus fréquentes dans les biefs calmes de rivières boréales en Suède. Les auteurs soutenaient que ces différences de la préférence d'habitat étaient explicables par plusieurs caractéristiques inhérentes aux deux groupes. Par exemple, les graminoïdes de leur relevé étaient en moyenne plus grande et avaient un plus haut degré de dispersion latérale que les herbacées. L'existence de méristèmes situés à la base de la tige, et de rhizomes et stolons chez plusieurs plantes graminoïdes pérennes leur permet de résister aux forces érosives et de récupérer rapidement après les stress d'inondation et de produire de nouveaux clones dormants prêts pour la prochaine saison de croissance

(Menges & Waller 1983, Shipley *et al.* 1989). En plus, les tiges flexibles des graminées, carex et joncs leur permettent de s'aplanir complètement durant les crues exerçant une résistance minimale au courant. Les traits des graminées clonales leur permettent en plus de prendre de l'expansion rapidement sur les sols exposés par le raclage des crues ou la déposition de sédiment (Xiong *et al.* 2001). Les plantes graminoïdes forment généralement la végétation dominante une fois qu'un système ait été impacté par l'homme, telles que la construction de levé, l'opération de barrage et le broutage (Barnes 1999, Polzin & Rood 2000, Benjankar *et al.* 2012).

4.3 Relation entre hydrologie, géomorphologie et dynamique de la végétation

Le changement le plus important de la présente étude a été observé sur le nombre d'espèces végétales et la fréquence spécifique cumulative des trois îlots. En effet, la fréquence spécifique cumulative a significativement augmenté entre 2006 et 2010 puis décliné ensuite. Cette variabilité de la fréquence spécifique a particulièrement affecté les groupes écologiques des espèces inféodées aux milieux humides d'une part, et celles des espèces terrestres, d'autre part. Les espèces du premier groupe écologique étaient plus nombreuses sur les trois îlots en 2006 qu'en 2010. En revanche, celles du second groupe écologique ont complètement disparu sur deux îlots alors que leur nombre n'a pas pratiquement pas changé sur le troisième îlot. Celui-ci est le plus près du barrage dont les impacts sur la diminution des débits sont aggravés en raison de l'effet amplificateur de ce dernier sur la pénurie en eau lors des années sèches. La hausse du nombre d'espèces végétales des milieux humides observée en 2010 sur les trois îlots est contraire aux observations faites notamment par Hudon (2004) sur les milieux humides qui bordent le fleuve Saint-Laurent à la hauteur du lac Saint-Pierre au Québec. Cette auteure a en effet observé une diminution significative des espèces liées aux milieux humides pendant les saisons végétatives relativement sèches. Dans notre cas, on observe plutôt le contraire. En effet, durant l'année sèche 2010, le nombre d'espèces de ce groupe écologique a quasiment doublé.

On peut émettre deux hypothèses pour expliquer cette augmentation.

1. L'érosion des îlots entre 2006 et 2009. Cette érosion s'est traduite par un appauvrissement des éléments fins (argiles et limons). Dans une étude réalisée en aval du barrage Bütgenbach construit sur la rivière graveleuse la Warche en Belgique, Assani *et al.* (2006) avaient observé une hausse du nombre d'espèces végétales sur les bancs et les îlots développés dans le lit mineur de la rivière après une crue très importante qui a provoqué une érosion des sédiments. Celle-ci est, de fait, considérée comme un facteur de perturbation susceptible de favoriser la croissance de nombreuses espèces. Ainsi, lorsque les sites restent longtemps stables (absence de toute perturbation comme l'érosion), le nombre d'espèces a tendance à diminuer en raison de l'expansion des espèces plus compétitives et/ou envahissantes.

2. La persistance des conditions d'humidité. Depuis 2006, les îlots ont été submergés chaque année (sauf en 2007) en raison des lâchers des débits > 150 m^3/s à l'origine de l'érosion des sédiments fins. Cette submersion aurait créé ainsi des conditions d'humidité propices au développement des espèces inféodées aux milieux humides. Il faut noter qu'en condition naturelle, les îlots sont annuellement submergés par la crue printanière. Mais depuis la construction du barrage, cette crue a complètement disparue inhibant ainsi cette submersion annuelle.

En ce qui concerne les espèces terrestres, leur nombre a significativement décliné après la sécheresse de 2010. La seule explication plausible de ce déclin serait probablement une forte variabilité interannuelle des niveaux d'eau, condition pour laquelle ces espèces s'accommoderaient difficilement. Quant aux espèces facultatives, leur nombre a peu varié malgré les fortes variations des débits depuis 2006 démontrant ainsi leur forte aptitude d'adaptation aux conditions extrêmes comparativement aux espèces de deux autres groupes écologiques.

Les différences significatives de la richesse et de la composition spécifique trouvées d'une année à l'autre soulignent la complexité et la diversité des processus fluviaux et biogéomorphiques (Steiger *et al.* 2005, Corenblit *et al.* 2007) structurant les communautés ripariennes et leur sensibilité à la fluctuation de l'hydrologie. Notamment, la température occupe un rôle déterminant dans les processus biogéochimiques contrôlant la germination des graines dans les sédiments (Seabloom *et al.* 1998) et par conséquent la réserve de graines et propagules dans les sédiments où les niveaux d'eau fluctuent remarquablement entre les années est importante pour la régénération de nombreuses espèces (van der Valk & Davies 1978, Haag 1983, Keddy & Reznicek 1986). La saisonnalité des crues est importante dans la structuration des communautés végétales ripariennes (Goodson *et al.* 2002, Nilsson *et al.* 2010) car elle implique la mise en circulation d'espèces avec différentes stratégies de reproduction, dispersion et colonisation qui déterminent la composition et l'abondance relative des espèces (Barrat-Segretain & Bornette 2000, Gurnell *et al.* 2007). Pour certaines espèces, le relâchement de graines en automne permet la dispersion par les débits hivernaux et la stratification froide des graines durant l'hiver résulte en une meilleure germination au printemps pour les graines déposées (Hopfensperger & Baldwin 2009). Pour les plantes où la dormance des graines est inexistante, la coïncidence des hauts débits avec le relâchement des graines est particulièrement importante (Nilsson *et al.* 2010) et l'altération de la saisonnalité des débits de pointe peut donc avoir de graves conséquences sur le recrutement des plantes, particulièrement pour les plantes indigènes adaptées au régime hydrologique naturel. Les crues saisonnières sont également impliquées dans les processus de rajeunissement et d'éclaircissement des milieux capable d'influencer la structuration des communautés lors de la remobilisation des propagules (Gurnell *et al.* 2007, Gurnell *et al.* 2008). La dynamique source-puits du transport et de la déposition des graines est aussi susceptible d'être affecté par ces processus. Ainsi, les biefs lents peuvent servir de zones dépositaires d'un grand nombre de graines durant les débits moyens, mais passer à zones sources pour la remobilisation des graines en période de débits élevés (Nilsson *et al.* 2002).

En ce qui concerne les crues, au Québec par exemple, les fluctuations inter-annuelles des débits influencent de manière significative la biomasse et la composition spécifique de la végétation humide du fleuve Saint-Laurent (Hudon, 1997, 2004, Hudon *et al.* 2005). En effet, la biomasse et le nombre d'espèces végétales augmentent durant les années sèches, mais diminuent durant les années humides. Les mêmes observations ont été faites par Décamps *et al.* (1995) sur la plaine alluviale de la rivière Adour en France. Le nombre d'espèces a augmenté durant l'année sèche en raison de l'invasion des espèces exotiques. Ces effets sont comparables à ceux observés en aval du réservoir Taureau, du moins en ce qui concerne le nombre d'espèces lors des années caractéristiquement plus sèches (Gravel 2006). La baisse de la hauteur de la nappe d'eau est souvent plus favorable aux espèces humides émergentes se reproduisant par graines qui peuvent produire une plus grande biomasse souterraine (Tiner 1999, Hudon 2004) avec l'augmentation de la disponibilité des ressources (Auclair *et al.* 1976). Par exemple, une rapide colonisation d'annuelles (*Polygonum lapathifolium*), de vivaces (*Phalaris arundinacea*, *Phragmites autralis*, *Cyperus* spp.) et d'arbres (*Populus deltoides*) opportunistes était observée dans deux études (Marie-Victorin 1943, Hudon 2004) dans des zones nouvellement exondées, comme l'était l'établissement d'une nouvelle zonation basée sur une nouvelle ligne d'eau (vers un nouvel état stationaire). D'ailleurs la corrélation entre le nombre d'espèces et la teneur en argile des sédiments, qui est habituellement liée à la teneur en éléments nutritifs, à l'année de sécheresse hydrologique semble confirmer cette règle (figure 4.3). En raison de l'inversion du régime hydrologique en aval du barrage de la rivière Matawin, l'amplitude des débits maximum et minimum est amplifiée lors des années humides et sèches, avec comme conséquence des changements contrastés de la richesse spécifique des macrophytes des formes de dépôts du lit mineur et des rives. Ainsi, lors des années humides le nombre total d'espèces (diversité régionale) diminue, particulièrement chez les espèces terrestres, au profit des espèces humides, et lors des années sèches, avec l'exondaison des îlots, la richesse taxonomique augmente chez les trois groupes écologiques (Gravel 2006). La nature et l'emplacement des milieux ripariens dans le paysage font d'eux des zones réceptrices naturellement propices à l'accumulation des propagules et sédiments transportés avec l'eau des crues (Hupp *et al.* 1993, Steiger & Gurnell 2003). Les années sèches permettent alors aux espèces produisant des graines viables de se régénérer à partir du stock de graines des sédiments, et les années humides permettent la reconstitution de la banque de graines épuisée par la germination lors des années sèches.

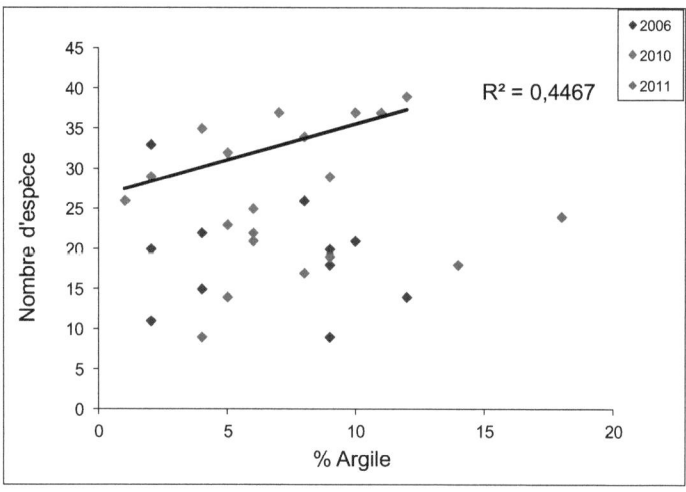

Figure 4.3 Nombre d'espèces en fonction de la teneur en argile pour les trois années.

Cinq raisons permettent d'expliquer l'augmentation du nombre d'espèces de milieux humides à l'année de sécheresse, hormis les facteurs de dispersion.

1. L'exondation des sédiments expose les graines à des conditions environnementales plus favorables à la germination (van der Valk et al. 1992, Keddy 2000). Les faibles débits hivernaux à l'année de sécheresse hydrologique pourraient donc avoir hâté et prolongé la saison de croissance de la végétation et favorisé la germination d'une plus grande diversité d'espèces (figure 4.4).

2. L'aération des sols de milieux humides augmente non seulement la quantité, mais aussi la disponibilité de nutriment limitant (N) pour la croissance des

plantes (Bridgham & Richardson 1993, Grootjans *et al.* 1985, 1986), ce qui augmente la résistance des plantes au stress et à la compétition.

3. Le système racinaire superficiel des hélophytes est mieux adapté pour capturer et assimiler l'eau de pluie et l'humidité de condensation de la couche de sédiments superficiels (Ho *et al.* 2005).

4. Il a été montré que les plantes des milieux humides où la fluctuation du niveau d'eau de la zone capillaire est importante étaient plus résistantes à la sécheresse que celles des milieux humides à l'hydrologie stable à cause de leur système racinaire plus étendu (Scott, Lines & Auble 2000; Renöfält, Merritt & Nilsson 2007).

5. Les épisodes de fortes crues comme ceux des années 2006-2009 créent des opportunités de colonisation qui découlent de l'érosion des sédiments et de la destruction de la végétation dominante (Menges & Waller 1983, Keddy 1989). Ces opportunités de colonisation se sont concrétisées plus tard lorsque les conditions locales sont devenues favorables comme à l'année de sécheresse hydrologique.

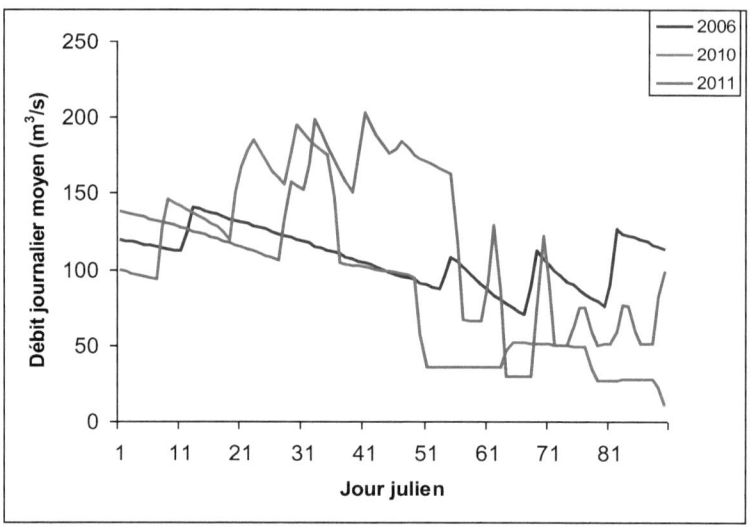

Figure 4.4 Débits journaliers hivernaux moyens en aval du barrage pour les 3 années.

4.4 Effet de l'hydrologie sur les processus biogéochimique et la végétation

L'inondation durant les périodes chaudes induit des changements notables dans la biogéochimie du sol (McClain *et al.* 1998), et modifie la disponibilité des plus importants nutriments pour la croissance des plantes : l'azote et le phosphore (Güsewell 2004). Dans les sols bien oxygénés, le nitrate est le plus abondant sous forme d'azote dans le sol à cause des processus de minéralisation et de nitrification et l'absence des processus de dénitrification anaérobique (Bridgham *et al.* 1998). Quand les sols deviennent inondés, le nitrate est consommé par la dénitrification ou la réduction en ammonium (Patrick & Reddy 1976, Revsbech *et al.* 2005) et par les bactéries hétérotrophes. Durant les périodes de crues, la nitrification est éventuellement inhibée par le manque d'oxygène et les accumulations d'ammonium (Haynes & Swift 1989, Phillps 1999), qui sont à des concentrations potentiellement toxiques pour les plantes (Britto & Kronzucker 2002). Après que les hautes eaux se soient retirées, l'oxygène rentre dans le sol, l'ammonium est nitrifié, et les concentrations de nitrates commencent à augmenter (Baldwin & Mitchell 2000).

Comme l'azote, la dynamique du phosphore organique assimilable dans le sol est aussi tributaire de l'état d'oxydoréduction et des transformations bactériennes associées, quoique plus indirectement, à travers les cycles du fer et du soufre (Baldwin & Mitchell 2000). Le phosphore minéral est présent de façon prédominante dans le sol des plaines inondables sous des formes adsorbtives d'orthophosphate avec les oxydes de fer et d'aluminium amorphes et les minéraux argileux comme co-précipitants avec l'ion ferrique, l'aluminium et le calcium (McCain *et al.* 1998). Durant l'inondation, les caractéristiques du sédiment et de l'eau ainsi que la durée et l'étendue de l'inondation vont déterminer si le phosphate est libéré ou pas. Le phosphate adsorbé au fer va devenir disponible soit par réduction du fer ferrique en fer ferreux ou par l'accumulation de sulfure dans le sol suite à la réduction du sulfate et la formation subséquente de pyrite avec le fer ferrique (Koerselman *et al.* 1993, Lamers *et al.* 2006). Les phosphates liés à l'aluminium et au calcium sont moins probables de devenir disponibles durant les inondations, puisque ces complexes ne sont pas influencés par le changement des conditions de redox (Olde Venterink *et al.* 2002). Quand les hautes eaux retraitent, les sols se drainent et commencent à sécher, résultant en un renversement des processus et une réduction subséquente de la disponibilité du phosphate (Lamers *et al.* 2006).

Une hausse de la productivité des plantes et de l'assimilation de l'influx de nutriments suivant la ré-humidification des sols asséchés ont été rapportées chez les macrophytes émergentes (Cui & Caldwell 1997). Par exemple, l'enrichissement de l'eau en sulfate peut mobiliser le phosphate (Lamers *et al.* 1998) et à travers la production de sulfite, cela peut inhiber le couplage nitrification-dénitrification (Joye & Hollibaugh 1995) qui peut résulter en une hausse de la disponibilité d'azote pour les plantes. L'influx de nutriments causé par les cycles d'assèchement et de ré-hydratation des sédiments, suivant la fluctuation de la hauteur de la nappe d'eau et la condensation de l'humidité en surface, pourrait donc avoir contribué à l'émergence d'espèces humides émergentes via l'augmentation de la disponibilité des nutriments à l'année de sécheresse. En contraste, la réponse des macrophytes aquatiques submergés va varier dépendamment de la sévérité de la sécheresse hydrologique (Hough *et al.* 1991) et les espèces de plantes présentes (Brock & Casanova 1997). Ainsi, l'acidification résultant de l'oxydation de sulfure en sulfate pourrait avoir remplacé les ions NH_4^+ par des protons H^+ sur les sites d'échange des sédiments, augmentant ainsi la concentration d'ammonium à des niveaux potentiellement toxiques pour les plantes humides submergées. L'inhibition de la nitrification par le faible pH et le largage de NH_4^+ au profit des bactéries hétérotrophes pourrait avoir en plus accentué l'effet négatif sur la croissance des hydrophytes.

L'oxydation et la minéralisation du soufre dans la matière organique du sol (Driscoll *et al.* 1998) et le relâchement de soufre stocké dans les milieux humides associé à la sécheresse hydrologique (Dillon *et al.* 1997) peuvent être une source non négligeable d'apport en soufre dans les hydrosystèmes et contribué à leur acidification. Suivant la réhydratation des sols, le sulfate (SO_4^{2-}) issu de l'oxydation du soufre réagit avec l'eau pour former de l'acide sulfurique. Plusieurs études ont documenté une transition allant de la rétention à l'exportation de SO_4^{2-} provenant de milieux humides suivant une sécheresse hydroclimatique (Bayley *et al.* 1986, Devito & Hill 1999, Hughes *et al.* 1997, Lazerte 1993, Warren *et al.* 2001). Ces processus régulent en retour le flux des cations acides (H^+, Mn^{2+}, Fe^{2+}) et basiques (Ca^{2+}, Na^+, Mg^{2+}) des écosystèmes humides aux eaux de surface. La perte de cations basiques, particulièrement Ca^{2+} et Mg^{2+} (Fuller *et al.* 1985) a d'importantes implications pour la fertilité du sol (Likens *et al.* 1998), particulièrement sur le flux de nitrate. À part le dommage potentiel que cela peut avoir sur les environnements collecteurs, l'exportation concomitante de cations basiques laisse ces milieux humides davantage vulnérables à l'acidification. Un facteur qui agit à l'échelle régionale, et qui a été montré pour affecter le cycle du sulfure dans les zones d'interception, est le phénomène climatique *El Niño* (Devito & Hill 1999, Dillon & Evans 2000). L'aération des sols des milieux humides à l'année de sécheresse hydroclimatique pourrait donc avoir largué d'importantes quantités de sulfate via la minéralisation et l'oxydation de soufre organique des sédiments, causant ainsi un stress sur les plantes dominantes, résultant en une diminution de leur croissance au profit de plantes émergentes moins affectées par l'acidification des sols, comme semble en témoigner la présence d'espèces acidophiles telle que *Gnaphalium uliginosum*, *Leersia oryzoides*, *Dulichium arundinaceum*, *Panicum xanthophysum*, *Vaccinium oxycoccos*, *Potentilla palustris* et *Abies balsamifera*. Le sulfure produit par la réduction du sulfate peut aussi libérer le phosphore associé au phosphate ferreux insoluble (Roden & Edmonds 1997). Le sulfate a été lié avec la libération de P dans plusieurs systèmes aquatiques (Boström *et al.* 1988, Caraco *et al.* 1989). L'action du sulfate sur la végétation des îlots ripariens peut donc avoir joué un double rôle en inhibant d'une part l'assimilation nutritive des espèces humides dominantes à cause de l'acidification des sédiments, et en stimulant d'autre part la croissance des plantes humides émergentes en favorisant la libération de phosphore par l'effet réducteur du sulfure sur le phosphate ferrique.

4.5 Influence de la durée de l'inondation sur la végétation

Le faible nombre d'espèces humides trouvé aux années humides 2006 et 2011 est sans doute liée à la saturation des sédiments durant une longue partie du printemps ayant limité l'établissement des espèces sensibles à l'inondation durant les premiers stades de développement. La normale des quantités de pluie en été se situe entre 250 et 300 mm, mais en 2011 le total excédait 450 mm. La région de la Mauricie figure parmi les régions les plus fortement touchées, recevant près de 550 mm de pluie. Au cours des six mois du printemps et de l'été, Montréal a connu sa moitié d'année la plus humide de son histoire, avec 785 mm de précipitation (normale de 495 mm) et le record précédent était de 710 mm en 2006. D'autres études ont trouvé qu'une plus grande perturbation hydraulique ou des conditions plus humides réduisent la diversité de prairies ripariennes (Dwire *et al.* 2006), de prairies inondables (Burgess *et al.* 1990) et de prairies humides (Evans *et al.* 1995). Dans les milieux humides inondés, les faibles potentiels rédox diminuent la disponibilité des nutriments (Mitsch & Gosselink 2000, van der Valk 2006) et inhibe les bactéries nitrifiantes essentielles à la nutrition azotée des plantes. La saturation en eau des sols et les conditions réductrices qui l'accompagnent influencent aussi la translocation de divers produits photosynthétiques. Les patrons d'allocation et les taux de translocation des carbohydrates apparaissent être critiques pour la tolérance à l'hypoxie (Webb & Armstrong, 1983, Yamamoto *et al.* 1995a,b) afin d'assurer le maintien de la nutrition racinaire. Une diminution de l'accumulation en biomasse en réponse à de faibles conditions redox du sol est une réponse commune trouvée chez beaucoup d'espèces de plantes humides (Kludze & DeLaune, 1995). Des changements significatifs du ratio racine : tige ont aussi été rapportés puisque les effets de réduction du sol sont habituellement plus drastique sur les systèmes racinaires que sur les parties aériennes (Pezeshki 1991). La croissance des racines est un processus énergétique demandant de l'oxygène, ainsi, sous des conditions de saturation d'eau, le fonctionnement des racines est rapidement affecté (Drew 1990).

Puisque la durée d'inondation affecte davantage la survie des plantes en raison des effets négatifs de la diminution d'oxygène sur le catabolisme (respiration) comparativement à une longue période de sécheresse (Blom & Voesenek 1996, Larcher 2003), où la plupart des plantes ont des mécanismes physiologiques (fermeture des stomates, ralentissement du métabolisme, turgescence, dormance; Geigenberger 2003) et morphologiques pour limiter les pertes en eau, peu d'espèces peuvent survivre à une longue période d'inondation durant la saison de croissance. En effet, l'occurrence des crues est un des facteurs les plus structurants sur les communautés ripariennes (Toner & Keddy 1997) en raison de l'influence prépondérante de la respiration, qui diminue la capacité des plantes de résister à une pénurie en oxygène à mesure que les réserves assurant la reprise de la croissance s'épuisent (van Eck *et al.* 2004). Les voies du métabolisme anaérobique, comme la fermentation, sont nettement moins efficaces que la respiration aérobique et utilisent ainsi rapidement les réserves d'hydrate de carbone (Guglielminetti *et al.* 1995). L'utilisation du métabolisme anaérobique entraîne aussi la production de radicaux libres qui détruisent l'intégrité physiologique des cellules (osmorégulation) et des plantes lorsque les tissus sont exposés à nouveau à l'air libre (Vervuren *et al.* 1999), causant ainsi la nécrose des tissus et par conséquent la mort des plantes. Des études adressant l'importance des inondations estivales sur la distribution des plantes ont démontré des relations directes entre l'occurrence d'inondation et la présence ou l'absence de plantes avec des mécanismes différents de survie à ces conditions (Klimesova 1994, Vervuren *et al.* 2003, Van Eck *et al.* 2005). En plus d'arrêter la croissance des plantes, l'anaérobiose consomme des quantités d'énergie qui réduisent le *fitness* et la survie des plantes exposées à d'autres stress, comme l'accumulation de composés toxiques dans le sol et les tissus ou la concurrence exercée par d'autres espèces.

4.6 Effet de la température et des crues sur la compétition interspécifique

L'année 2006 exceptionnellement pluvieuse figure parmi les plus chaudes années depuis l'enregistrement de la température au Canada. L'année 2006 débutait avec l'hiver le plus doux de l'histoire avec des températures de 4 à 5 degrés au-dessus de la normale saisonnière s'étalant sur trois semaines ou plus. La période de décembre à février fut l'hiver le plus chaud en presque 60 ans de saisie nationale des données météorologiques avec une moyenne de 3,9 degrés. Les températures anormalement chaudes de l'hiver 2006 pourraient ainsi expliquer, en relation avec les multiples crues durant le printemps, la faible diversité d'espèces humides et la plus grande diversité d'espèces facultatives et terrestres. La température est le facteur environnemental le plus important contrôlant la phénologie des macrophytes aquatiques (Lacoul & Freedman 2006). Plusieurs processus liés à la germination et la dormance des macrophytes aquatiques dépendent de la fluctuation ou de l'augmentation puis de la stabilité de la température des sédiments, particulièrement dans les latitudes tempérées où l'hiver influence aussi plusieurs processus biogéochimiques associés à la nutrition des plantes. La poussée de croissance stimulée par les chaudes températures et l'abondance des ressources dans les sédiments ripariens pourrait ainsi avoir avantagé les plantes capables de profiter rapidement de la disponibilité des ressources. La présence dominante de *Calamagrostis canadensis* cette année-là souligne par le fait même la prolifération rapide de cette espèce facultative des milieux humides à partir de rhizomes souterrains et de minuscules graines facilement dispersées par le vent. Le fait que *C. canadensis* soit une plante indigène d'Amérique du Nord adaptée au climat froid dont les graines demeurent viables longtemps (Conn 1990) pourrait aussi expliquer sa présence sachant que les lâchers d'eau du réservoir pourraient avoir abaissé la température des sédiments (Bernez *et al.* 2004). *Calamagrostis canadensis*, réputée être une plante agressive adaptée aux températures froides et à l'inondation des sols (Lieffers *et al.* 1993) et colonisant divers milieux par multiplication végétative, pourrait donc avoir fortement profité des apports nutritifs et de l'absence de compétition associée aux conditions humides de l'année 2006. D'autres études ont aussi montré que les grandes graminées clonales comme *Calamagrostis canescens* et *P. arundinacea* peuvent pénétrer dans les communautés de *Carex* matures sujettes aux dommages causés par les événements naturels (Barnes 1999, Odland & del Moral 2002).

Le lessivage rapide des nutriments de la litière végétale peut résulter en un influx initial de C, N et P suivant une inondation (Baldwin 1999). Cet influx de nutriments et de carbone labile biodisponible peut causer une hausse rapide de l'activité microbienne et des processus de recyclage des nutriments résultant en un système hautement fertile et productif. Cependant, cette hausse de la production peut rapidement conduire à l'initiation de l'anoxie dans les eaux de crue et les sols sous-jacents (Glazebrook 1995). Les fortes précipitations associées à l'année 2011 pourraient donc avoir favorisé le lessivage de nutriments de la litière végétale produite l'année précédente. Cet influx de nutriments, et la stimulation de la minéralisation microbienne du carbone organique pourraient avoir avantagé les plantes humides tolérantes des conditions anoxiques. En plus, avec la sécheresse qui a sévi à l'année *El Niño,* la quantité de matière organique minéralisée pourrait avoir été considérablement plus grande, avec l'exposition des sédiments, et avoir ainsi contribué davantage à la croissance rapide des plantes dominantes l'année suivante. La combinaison de ces deux facteurs pourrait expliquer la faible richesse spécifique trouvée à l'été 2011 puisque la richesse spécifique des milieux humides riverains diminue généralement avec la disponibilité de N qui gouverne la quantité de biomasse produite par les plantes dominantes (Verhoeven *et al.* 1998, Venterink *et al.* 2001).

Les plantes dominantes de milieux humides tirent profit des épisodes de crues en développant rapidement un important réseau de radicelles capables d'absorber de grandes quantités de nutriments transportés dans les eaux et les sédiments (Hupp & Osterkamp 1996, Dwire *et al.* 2004). Cela leur permet de réduire la disponibilité des ressources du sol et de produire une importante biomasse aérienne éliminant virtuellement toute concurrence. Chez plusieurs plantes humides dominantes, la capacité de répondre rapidement à un influx de ressources après une crue est liée à la translocation rapide des ressources transformées en réserves nutritives dans des organes pérennes souterrains servant à nourrir la plante pendant l'hiver (Combroux *et al.* 2001). Plusieurs auteurs ont démontré le rôle prévalent de la croissance clonale dans la maintenance des espèces après les perturbations par la survie de racines ou rhizomes profondément ancrés, s'étalant à partir de refuges ou germant à partir de propagules végétatives (Henry *et al.* 1996, Combroux *et al.* 2001, Klimesova & Klimes 2007). Cette grande capacité de régénération est aussi facilitée par la production de racines adventives qui utilisent les nutriments dans le matériel alluvial déposé par les crues, permettant un enracinement rapide des fragments détachés par les crues (Hupp & Osterkamp 1996, Combroux & Bornette 2004). Les plantes qui ont un haut taux de croissance devraient aussi être sélectionnées quand la fréquence de perturbation augmente. Un haut taux de croissance serait important non seulement pour les plantules, mais aussi pour les plantes qui se régénèrent à partir de fragments, ou qui colonisent les parcelles vides en croissant à partir des marges (Henry & Amoros 1996). L'hydrologie pulsative des grandes rivières a aussi été associée avec une croissance plus forte des plantes humides (Ward & Stanford 1995, Mettler *et al.* 2001) probablement à cause des charges importantes de sédiments des crues riches en matière organique. La combinaison de reproduction végétative et de haut taux de croissance est donc intimement liée aux habitats ripariens fréquemment perturbés par les crues comme les îlots du chenal actif où l'abondance des ressources peut être grande.

La litière transportée par les crues dans le réservoir jusqu'au barrage entraîne sa déposition et sa décomposition au fond sur la couche de sédiments (Hyne 1978). Ainsi, une quantité substantielle de matière organique introduite dans le réservoir durant les temps de crues est aussi transportée en aval du barrage avec le relâchement des sédiments. La majorité de l'azote des couches de sédiments superficielles provient habituellement des particules organiques contenues dans le sédiment relâché en aval des réservoirs (Pinay *et al.* 1995, Asaeda & Rashid 2012). Comparé à l'azote, le phosphore est habituellement relativement plus uniforme et abondant dans le sédiment (Baldwin & Mitchell 2000, Lamers *et al.* 2006), le ratio TN/TP des plantes est aussi habituellement plus élevé que celui du sol dans les milieux ripariens, et il existe une forte corrélation entre le budget TN et la biomasse herbacée, indiquant que la croissance des plantes est plus significativement limitée par la disponibilité en N qu'en P dans ces milieux (Güsewell 2004). Les crues peuvent donc avoir un fort effet régulateur sur la composition de la végétation des communautés ripariennes en abolissant la limite de la croissance végétative des plantes supérieurement compétitives qui ont une influence significative sur la croissance des espèces inférieures. Les crues augmentent la productivité des sites, en transportant la matière organique et les minéraux, sous formes dissoutes et particulaires, et influencent donc indirectement la compétition entre les espèces. La sédimentation, qui souvent survient durant une crue, est la source principale de nutriments et de matière organique des habitats ripariens riverains (Steiger *et al.* 2003) et contribue à l'enrichissement et l'amélioration des qualités physiques du substrat et à la productivité des communautés végétales. La plus grande fréquence relative des espèces dominantes à l'année humide 2011 peut ainsi s'expliquer par l'effet de l'augmentation des ressources liée à la décomposition de la litière produite durant la saison de croissance de l'année précédente ayant favorisé les espèces formant des réserves souterraines. L'effet de l'enrichissement du substrat en P et N après la décomposition de la litière d'espèces annuelles rudérales sur la production de biomasse d'espèces pérennes a aussi été observé dans des études semi-expérimentales (Aerts & Caluwe 1997, Strengbom *et al.* 2001, Güsewell *et al.* 2002, van der Hoek *et al.* 2004). La croissance prolifique d'espèces humides annuelles à l'année de sécheresse hydroclimatique et l'importante production de biomasse végétale associée pourraient ainsi avoir stimulé la croissance des espèces humides dominantes l'année suivante avec l'influx de nutriment lié à la décomposition de leur litière.

4.7 Contexte biophysique et théorie de la perturbation

Le cadre de l'analyse contemporaine de la dynamique de la végétation dans les zones ripariennes naturelles a été façonné par le rôle des régimes de perturbation, mettant en exergue le rôle des crues en tant qu'événements perturbateurs qui génèrent de jeunes habitats successionnels en déplaçant la végétation en place, de même qu'en modifiant le substrat par l'érosion, le brassage et la déposition (Bendix & Hupp 2000). Cette compréhension cadre bien avec la définition de perturbations comme événements relativement discrets qui rompent la structure des communautés et altèrent la disponibilité des ressources (lumière), typiquement par le biais de la destruction de biomasse (White & Jentsch 2001). Toutefois, les perturbations jouent un rôle moindre dans l'altération de la dynamique de la végétation du paysage riparien des rivières au régime hydrologique régulé comme c'est le cas en aval de la rivière Matawin (Cowell & Dyer 2002). Au lieu, l'atténuation de la dynamique saisonnière du régime hydrologique transforme l'impact de la rivière en un stress environnemental. Alors que le volume annuel en aval du barrage de la rivière Matawin est resté peu affecté, le déplacement temporel et la modération saisonnière des débits mènent à des impacts biologiques et écologiques distincts. En effet, on observe une baisse significative du coefficient mensuel du débit mensuel maximum (ratio débit mensuel maximal sur débit mensuel total) et une légère hausse du coefficient mensuel du débit mensuel minimum en aval du barrage (Assani *et al.* 2002). Il s'ensuit que le coefficient d'immodération (rapport entre le débit maximum et le débit minimum) est plus faible en aval (2,2) qu'en amont du barrage (6,4). Ainsi, le barrage Matawin atténue les fluctuations saisonnières des débits (effet régulateur). Le laminage du débit maximum mensuel en aval du barrage et l'inversion de sa période d'occurrence font qu'en aval la proportion de l'écoulement annuel total due au débit maximum mensuel (en janvier) est réduite de moitié (12 %). La capacité de la rivière à détruire la biomasse végétale et prévenir l'établissement de nouveaux individus dépend donc d'événements de crue relativement puissants, tel que le montre l'accroissement de la strate herbacée des îlots après la construction du barrage (Ibrahim 2009). La contrepartie de l'augmentation de la durée des débits annuels maximum a été la diminution de la magnitude des crues, qui ensemble induisent un plus grand stress physiologique en créant des conditions d'inondation plus longue dans la zone racinaire. Par définition, ces stress sont des processus qui peuvent affecter le fonctionnement de l'écosystème (tel que réduction de productivité), mais sont plus chroniques qu'abruptes et échouent à enlever directement la biomasse (White & Jentsch 2001).

Cependant, au patron d'homogénéisation annuelle des débits moyens journaliers à l'échelle mensuelle se superpose une variabilité interannuelle des modules annuels des débits en aval du barrage (Assani *et al.* 2002). Ainsi, durant les années humides on lâche beaucoup d'eau en aval du barrage et moins d'eau pendant les années sèches; à cet effet le coefficient de variation (ratio débit maximum annuel) est plus élevé en aval (23 %) qu'en amont du barrage (19 %). Par exemple, les périodes d'occurrence des débits journaliers extrêmes maximums sont mesurées à n'importe quel mois de l'année avec une certaine prédominance en hiver (janvier) afin de suffire à la demande hydroélectrique lors des temps de grands froids. En ce qui concerne la magnitude des débits journaliers extrêmes minimum, elle est systématiquement inférieure en aval du barrage malgré l'augmentation de la taille du bassin versant (Assani *et al.* 2002). Le lit de la Matawin peut ainsi être totalement asséché juste en aval du barrage. Cela confirme le fait que pendant les épisodes secs, on lâche peu d'eau en aval du barrage pour la stocker davantage dans le réservoir. À l'instar des débits minimums, les débits maximums sont, en général, inférieurs en aval qu'en amont du barrage à cause de l'écrêtement des crues au niveau du barrage (Assani *et al.* 2002). Toutefois, au cours de certaines années, les débits extrêmes maximums en aval peuvent être supérieurs à ceux mesurés en amont lorsqu'il y a une menace d'inondation lors de la fonte des neiges d'où le faible nombre d'espèces humides observé en 2006.

Le paradoxe de l'augmentation de la diversité d'espèces humides à l'année de sécheresse hydroclimatique peut ainsi être réconcilié par la mise en perspective dans le contexte d'homogénéisation hydrologique en aval du barrage. En raison de la régularisation des crues printanières, se traduisant par l'augmentation des débits moyens durant la saison de croissance lors des années normales, les espèces humides tolérantes à de longues périodes d'inondation sont privilégiées au détriment des espèces mésiques plus sensibles à la submergence des sédiments. En outre, avec la régularisation des débits annuels en aval du barrage, non seulement le régime naturel de perturbation des îlots a été modifié, mais la dynamique temporelle de transport des sédiments de la rivière a aussi été affectée par l'inversion des débits maximum, avec des conséquences visibles sur la superficie des îlots au cours du temps (Ibrahim 2009). L'augmentation de la durée des débits maximum en hiver favorise l'érosion des berges et la mobilisation de la charge de fond au profit de l'accroissement de la sédimentation des îlots (Hubert 2011). D'autant plus, avec le réchauffement climatique, on observe une tendance à la hausse des précipitations et des débits automnaux en amont du barrage se traduisant par une hausse de la magnitude des débits hivernaux et printaniers en aval (Alibert *et al.* 2011, Assani *et al.* 2011). L'augmentation des débits maximum en aval peut avoir plusieurs effets antagonistes sur les caractéristiques de la végétation, en fonction de la saison, en modifiant entre autres les cycles de déposition/érosion des îlots. Dans le cas de la sécheresse hydrologique de 2010, l'effet net a été une augmentation de la diversité d'espèces.

4.8 Similarité compositionnelle des îlots

La faible similarité consistante entre les sites d'un même îlot (intra-îlot) et entre les îlots (inter-îlot) en 2006 résulte probablement de l'effet destructeur des crues successives ayant morcelé et éclaircie la végétation et permis l'établissement d'espèces opportunistes dans les parcelles nouvellement exposées. Cette observation concorde avec l'étude de Moore *et al.* (2011) qui ont trouvé que la similarité compositionnelle de la végétation herbacée d'îlots du fleuve Mississippi était plus variable, et les espèces moins bien délimitées à l'intérieur des gradients environnementaux, à l'année où le régime de perturbation hydraulique (magnitude des crues) était supérieur à la moyenne. À l'année de crue exceptionnelle, les auteurs attribuaient la distribution aléatoire des espèces le long du gradient de perturbation des îlots à l'effet des fortes perturbations causées par les crues ayant favorisé l'introduction d'espèces rudérales et causées la mortalité accrue des espèces dominantes. La plus faible fréquence des espèces enregistrée à l'année 2006 causée par l'action destructrice des crues a ainsi augmenté l'importance relative des espèces subordonnées et/ou opportunistes des îlots. Les crues créer des parcelles où les espèces opportunistes et les faibles compétitrices peuvent coloniser (Keddy 1989) et une crue sévère peut augmenter le couvert d'espèces annuelles (Pettit, Froend & Davies 2001). Dans une étude similaire, Cooperman et Brewer (2005) ont trouvé que la colonisation des plantes sur les bancs de graviers et les changements subséquents de la végétation avec la maturation des bancs en îlots étaient contrôlés par une combinaison de force à l'échelle du bassin et à l'échelle des sites dans le corridor fluvial de la rivière *Swan* au Montana. Ainsi, la faible similarité floristique des îlots peut être interprétée comme une différence du degré de « maturation » géomorphologique des îlots affectant la succession et la dominance relative des espèces. Autrement dit, les îlots ont le potentiel de développer des communautés végétales similaires, tant du point de vue de leur diversité que de leur composition, mais l'interaction des crues avec les caractéristiques des biefs et des îlots réduit la convergence potentielle de leur composition végétale. Par exemple, Nilsson *et al.* (2002) ont trouvé une différence de la proportion d'espèces à courte et longue flottabilité entre les biefs rapides et lents d'une rivière boréale à cause de la turbulence qui favorise la déposition des espèces à courte flottabilité dans les biefs rapides. De plus, le nombre d'espèces rudérales dans les biefs turbulents demeurait relativement faible et stable après des épisodes de crues historiques tandis que celui des biefs tranquilles était plus variable, avec plus d'espèces rudérales après les crues (Renöfält *et al.* 2005). D'autre part, Andersson *et al.* (2000) ont trouvé une corrélation positive entre l'efficacité à piéger les propagules et la richesse spécifique, indiquant que la capacité des zones ripariennes à piéger les graines est importante pour sa richesse spécifique. Mais la richesse spécifique relative des zones rapides et lentes variait d'une année à l'autre selon l'intensité des crues qui affectaient négativement les biefs lents et positivement les biefs rapides et inversement lors des crues normales. La mortalité des plantes était plus grande dans les biefs lents à cause de l'anoxie des sédiments plus fins retenant mieux l'eau.

4.9 Patron de la richesse spécifique des sites et théorie de la perturbation

La sécheresse hydroclimatique a affecté plus fortement les sites amont, qui comptent cumulativement le moins d'espèces comparativement aux sites aval, alors qu'on observe le contraire en 2006 où les sites amont comptent cumulativement la plus grande richesse spécifique et inversement pour les sites aval. Les sites amont ont ainsi des scores négatifs sur le premier axe de l'ACP, qui indique leur plus grand pourcentage d'espèces terrestres en 2006, et inversement pour les sites aval et chenal secondaire avec des scores positifs. La plus grande diversité d'espèces observées sur les sites aval et chenal secondaire à l'année *El Niño* et inversement sur les sites amont peut être expliquée à l'aide de la théorie de la perturbation intermédiaire (Connell 1978). En effet, la richesse des sites peut être interprétée en fonction de leur degré d'exposition aux perturbations hydrauliques qui découlent des régimes de déposition/érosion et qui affectent en retour la quantité et la diversité de graines et propagules piégées ainsi que la croissance subséquente des plantes à partir des graines. Puisque les sites aval et chenal secondaire sont les moins exposés aux forces érosives du courant, les graines déposées sont moins sujettes à l'érosion et peuvent s'accumuler en plus grand nombre, permettant ainsi à une plus grande diversité d'espèces de s'y trouver. Si on considère les îlots comme un gradient de perturbation hydraulique où les sites représentent le continuum, on peut considérer que les sites amont et aval de l'axe longitudinal des îlots forment les extrémités opposées du gradient. Ainsi, les sites aval représentent la limite inférieure du gradient de perturbation où l'intensité et la fréquence sont faibles, et les sites amont la limite supérieure où les perturbations sont plus fréquentes et de plus forte intensité. Puisque le degré de perturbation hydraulique est lié à la nature sédimentologique des sites tel que documenté par Ibrahim (2009), il est possible de conclure que l'hétérogénéité des classes granulométriques d'un site reflète son degré de perturbation. Par conséquent, le patron mutuellement inverse de la richesse spécifique entre les sites amont et aval durant les années humide et sèche reflète le degré d'exposition de ces sites le long du gradient hydraulique en lien avec leur caractéristique géomorphologique. Ainsi, durant les années humides les sites amont constituent un refuge pour les espèces terrestres à cause du plus important taux d'accrétion des sédiments qui isole les plantes du chenal actif, tandis que durant les années sèches les mêmes caractéristiques géomorphologiques (hétérogénéité du substrat, surélévation) profitent seulement à quelques espèces mieux adaptées. Inversement, l'homogénéité du substrat plus fin des sites aval empêche la germination des espèces lors des années humides, en raison de la plus grande capacité de rétention en eau des sédiments, devient une caractéristique essentielle lors des années sèches (Renöfält, Merritt & Nilsson 2007), comme en témoigne la plus forte présence d'espèces terrestres à l'année 2010 sur ces sites. D'autre part, il est aussi possible d'établir une relation entre les caractéristiques de la végétation des îlots à une année en général et leur position dans le chenal qui reflète le degré de perturbation/stress. Ainsi, à cause de leur emplacement plus proche de l'affluent principal de la rivière, les sites de l'îlot D sont caractéristiquement plus pauvres en espèces de milieux humides à l'année 2006 plus humide sauf sur le site amont. Tel que l'a montré l'analyse en composantes principales, ces sites occupent la partie négative sur le deuxième axe dans l'espace.

4.10 Patron de distribution de la végétation le long du gradient hydrique

Conformément à la théorie de perturbation intermédiaire (Platt & Connell 2003), la similarité compositionnelle moyenne le long du gradient environnemental des sites est significativement plus grande entre les parcelles situées aux extrémités distales et proximales par rapport au chenal à l'année 2006. Les espèces présentes dans les parcelles humides plus fertiles et plus fortement et fréquemment perturbées plus près du lit de la rivière se retrouvaient donc également dans les parcelles sèches moins fertiles et moins perturbées de l'intérieur des îlots. D'après ce modèle théorique, la richesse spécifique d'une communauté donnée est fonction du degré d'intensité et de fréquence des perturbations qui déterminent l'importance relative des interactions interspécifiques négatives (compétition) contrôlant et limitant la coexistence et le nombre d'espèces. La richesse spécifique est optimale quand l'intensité et la fréquence des perturbations ne sont ni trop grandes, pour ne pas empêcher la colonisation et détruire la biomasse, ni trop faibles, pour ne pas favoriser la dominance des espèces compétitives sur les espèces rudérales. À un niveau intermédiaire d'intensité et de fréquence des perturbations, les espèces dominantes sont suffisamment affectées de façon à permettre aux espèces rudérales à croissance rapide de profiter de l'espace et des ressources rendus disponibles par les perturbations. Dans les parcelles médianes, l'intensité modérée des perturbations et la disponibilité des ressources permettent ainsi aux espèces moins compétitives de s'établir. Les facteurs abiotiques (inondation, érosion/sédimentation) contrôlent donc la composition spécifique dans les parcelles inondées plus exposées aux perturbations, et les interactions biotiques (compétition asymétrique) limitent le nombre d'espèces dans les parcelles intérieures des îlots en l'absence de perturbations. Les communautés dominées par les contraintes abiotiques et les interactions interspécifiques devraient tendre à converger à une composition similaire (Hunter & Price 1992) tandis que celles sans contraintes devraient avoir plusieurs permutations de composition potentielle et une plus grande diversité due à la chance (Chesson & Warner 1981) et parce que les espèces sont également adaptées au gradient (sensu modèle neutre, Caswell 1976, Hubbell 2001). Ce patron de distribution spécifique a aussi été trouvé dans l'étude de Moore *et al.* (2011) portant sur la végétation herbacée d'îlots du fleuve Mississippi où la diversité spécifique était plus grande dans les parcelles médianes où la durée de l'inondation était modérée. La similarité diminuait ainsi avec l'augmentation de la distance entre les niveaux d'élévation dans les étages inférieurs des transects.

La forte association entre la fréquence spécifique cumulative des espèces humides et terrestres et la position des parcelles le long du gradient hydrique des transects à l'année 2006 (figure 12) est sans doute le résultat des nombreux lâchers d'eau au cours de la saison de croissance végétative qui a stimulé la croissance des plantes dans leur habitat respectif. Le patron de distribution opposé de la fréquence spécifique des espèces humides et terrestres le long du gradient hydrique révèle l'influence marquée des hautes eaux sur la ségrégation des écotypes via les conditions environnementales imposées par les crues (Shipley *et al.* 1991). Ce résultat concorde avec l'étude de Moore *et al.* (2011) qui ont étudié, sur deux années consécutives, caractérisées par des crues de magnitude et de fréquence différentes, la diversité et la similarité floristique de la végétation herbacée le long de gradient d'élévation de 5 îlots du fleuve Mississippi, en fonction de la variabilité des inondations avec l'élévation dans le gradient. La richesse spécifique était plus grande, et les gradients causés par les facteurs de séparation des niches plus prononcées, en condition plus près des normales, indiquant que les espèces avaient développé des adaptations spécialisées aux fréquences et intensités de perturbation variées des habitats créer par les régimes de crues typiques.

4.11 Rôle de la variabilité hydrologique et des caractéristiques des sites sur la végétation

La restauration de l'intégrité écologique des tronçons en aval des barrages fait actuellement l'objet de nombreux travaux. Le paradigme dominant est celui de la restauration des régimes hydrologiques qui prévalaient avant leurs modifications après la construction des barrages (p. ex., Naiman *et al.*, 2008; Petts, 1996; Tharme, 2003). Rappelons que dans le cas de la rivière Matawin, la construction du barrage a complètement inversé le régime hydrologique naturel en aval. Cette inversion a provoqué la disparition totale de la crue printanière. Dans ces conditions, on devrait s'attendre à une disparition quasi-totale des espèces inféodées aux milieux humides au détriment de celles des espèces terrestres (phénomène de terrestrialisation). Or, les observations réalisées dans le cadre de cette étude démontrent que les espèces inféodées aux milieux humides restent encore largement majoritaires plus de 70 ans après la construction du barrage et, ce, malgré une modification profonde du régime hydrologique naturel de la rivière. On peut tenter de conclure que ce changement hydrologique n'a aucun impact sur les espèces inféodées aux milieux humides des îlots en aval du barrage. Cependant, une telle conclusion doit supposer une comparaison de ces espèces avant et après la construction du barrage. Mais on ne dispose pas de données avant la construction du barrage. De plus, au Québec, il n'existe aucune étude sur cet aspect. Quoi qu'il en soit, selon Moyle et Mount (2007), la principale cause de l'appauvrissement de la biodiversité en aval des barrages est la faible variabilité des débits. Dans le cas de la rivière Matawin, la variabilité des débits est beaucoup plus forte en aval qu'en amont du barrage (Assani *et al.*, 2011). Ceci pourrait expliquer le maintien d'un plus grand nombre d'espèces inféodées aux milieux humides sur les îlots en aval du barrage malgré l'altération profonde du régime hydrologique de la rivière. Enfin, malgré la disparition totale de la crue printanière après la construction, les lâchers des débits ≥ 150 m^3/s au cours de certaines années peuvent contribuer au maintien des espèces inféodées aux milieux humides au détriment de celles des autres groupes écologiques. Toutefois, notre étude n'a pas permis d'établir de manière définitive l'influence de la variabilité interannuelle des débits sur la dynamique de ces espèces. D'autres approches doivent donc être menées pour démontrer cette influence de la variabilité interannuelle des débits.

La végétation riparienne occupe une des zones les plus dynamiques du paysage fluvial (Dawson 1988, Nilsson *et al.* 1989, Gregory *et al.* 1991, Tabacchi *et al.* 1996, Naiman & Décamps 1997, Tockner & Ward 1999, Hupp & Bornette 2003, Décamps *et al.* 2004). De faibles niveaux d'eau et des épisodes de sécheresse périodique peuvent avoir un effet bénéfique sur les milieux ripariens en favorisant l'émergence d'espèces héliophytes mieux adaptées aux conditions sèches qui contribuent au recyclage des éléments. En fait, les épisodes de sécheresse périodiques encouragent la régénération à partir des graines, et plusieurs macrophytes aquatiques performent mieux sous des conditions de fluctuation de niveau d'eau (Keddy & Reznicek 1985). Bien que les fluctuations saisonnières des débits soient cruciales pour le maintien de la diversité des milieux ripariens et le recyclage de la matière organique, la fréquence, l'amplitude et l'occurrence de ces fluctuations peuvent à long terme être dommageables pour l'écosystème en raison de la superposition de stress additionnels imposés par le réchauffement climatique. Par conséquent, la résilience des communautés ripariennes face aux impacts du réchauffement climatique va dépendre profondément de l'altération quantitative (magnitude des débits) et qualitative (périodicité) du régime hydrologique naturel en lien avec la phénologie des espèces. Le découplage entre le cycle annuel des débits saisonniers et les périodes de croissance et de reproduction/dispersion des plantes pourrait aggraver les effets du réchauffement sur le bilan hydrique des écosystèmes ripariens, en augmentant l'évapotranspiration et le taux de mortalité des graines et des plantes. La fonte prématurée des neiges, concentrée sur une plus courte période, et la diminution de la quantité de neige au profit de précipitations liquides vont réduire le volume et la durée des crues. La réduction de la durée des crues dites morphogènes risque d'altérer les flux de matière (in)organique et ainsi affecter la productivité et la diversité des communautés végétales (Dixon 2003). En conséquence, la réduction des apports en ressources nutritives et l'augmentation des températures risquent d'amplifier les phénomènes d'invasion, d'extinction et de compétition interspécifique.

4.12 Récapitulatif des hypothèses et critique des faiblesses de l'étude

Les études semi-expérimentales où l'effet d'un facteur naturel est estimé en comparaison des résultats obtenus avant et après son occurrence permettent difficilement de tirer des liens de causalité directe en raison des nombreux facteurs impliqués et de leurs interrelations. Par conséquent, à défaut d'effectuer l'étude à de nombreuses reprises dans des conditions expérimentales contrôlées, on ne peut attribuer à un événement naturel tel que *El Niño* les changements mesurés. Quoiqu'il en soit, les résultats obtenus permettent toutefois de conclure que la principale hypothèse de l'étude n'a pas été vérifiée. La sécheresse hydroclimatique n'a pas eu l'effet escompté sur les espèces des milieux humides. À première vue cela contredit le bon sens, mais l'étude des années antérieures permet de nuancer cette apparente contradiction sachant qu'elles ont été plus humides que la moyenne. L'érosion des particules fines associée à cette période pourrait donc avoir limité la consolidation des espèces facultatives et terrestres au profit des espèces humides mieux adaptées aux conditions naturelles. D'autre part, la nature stochastique des systèmes hydrologiques augmente considérablement l'influence des facteurs externes sur la composition végétale des îlots. Ainsi, indépendamment du fait que l'échantillonnage de la végétation des îlots s'est fait à la même période au cours des trois années, il est possible que des variations interannuelles des conditions *in situ* aient contribuées aux changements observés. Pour ce faire, il est impératif d'inclure davantage de données saisonnières concernant les conditions *in situ* des sites (caractéristiques du sol) qui donnent des indices de perturbations et d'évolution afin d'augmenter la validité et la solidité des hypothèses de futures études comparatives. Il serait également pertinent de réaliser l'échantillonnage des graines durant les épisodes de décrues afin de les comparer à celle de la végétation en place pour mieux caractériser les effets de perturbation et comprendre l'effet sur la sélection des espèces.

4.13 Conséquences et réflexion sur le mode de gestion du réservoir

Cette étude soulève un problème préoccupant sur la conservation des espèces inféodées aux milieux humides en aval des barrages de type inversé. En effet, l'augmentation des espèces inféodées aux milieux humides pendant la sécheresse de 2010 pouvait suggérer que les conditions environnementales imposées par cette sécheresse semblent leur être propice. Ceci validerait le mode de gestion actuel des débits en aval du barrage, contrairement à deux études similaires précédentes faites sur la même rivière (Stichelbout 2005, Gravel 2006). Le maintien des débits anormalement bas en période végétative serait ainsi la norme pour favoriser le maintien et l'expansion de ces espèces. Or, un tel mode de gestion défie tout simplement les nombreuses études qui plaident en faveur de la restauration et du maintien des régimes hydrologiques proches de ceux des rivières naturelles en aval des barrages en vue de restaurer leur intégrité écologique. Cependant, il n'existe pas au stade actuel de nos connaissances une réponse claire et précise à cette problématique de gestion soulevée par notre étude.

La complexité des interactions des hydrosystèmes ripariens fait en sorte que leur dynamique dépend de facteurs endogènes et exogènes affectant le temps de réponse et l'intensité des changements. Par exemple, la réponse phénologique des plantes herbacées à la variation du climat est de trois ordres : altération de l'occurrence de la phénophase (déplacement), de la durée (compression ou extension de phase), et de l'amplitude (modulation de l'amplitude de phase). Cependant, les réponses de la végétation au climat peuvent être des combinaisons complexes de ces modes découlant de multiples effets interactifs de la température et de l'humidité sur la physiologie des plantes (Walker *et al.* 1994). Une complexité additionnelle s'ajoute à l'échelle de la communauté parce que les réponses sont un mélange de réponses taxonomiques spécifiques modérées par les interactions inter-spécifiques (Jackson & Bliss 1984). En plus, les conditions climatiques à une année ont d'importants effets de report (*carry-over effects*) sur la prochaine année à travers la production de graines, de méristème de tige souterraine et de fleurs (Jackson & Bliss 1984).

Pour clarifier cette problématique, une question fondamentale doit être résolue au préalable : l'augmentation des espèces inféodées aux milieux humides en 2010 est-elle le résultat de la diminution drastique des débits (sécheresse) ou celui de leur forte variabilité interannuelle? Autrement dit, l'augmentation des espèces humides dépend-elle de la sécheresse ou la forte variabilité interannuelle des débits joue-t-elle un plus grand rôle? Il semble que la question dépende aussi de l'influence de la position des sites par rapport au chenal et de l'identité de l'îlot. En effet, la végétation des sites amont et aval a été plus affectée par les variations hydrologiques, et inversement la proportion des trois groupes écologique des sites de l'îlot B semblent être moins sensibles. Enfin, du point de vue hydroclimatologique, tous les épisodes *El Niño* n'induisent pas les mêmes impacts climatiques, hydrologiques et géomorphologiques. De ce fait, il est impossible de prédire les impacts de ce phénomène climatique sur l'abondance des espèces inféodées aux milieux humides en aval du barrage Matawin dans un contexte de réchauffement climatique.

CHAPITRE V

CONCLUSION

La sécheresse est un phénomène hydroclimatique dont les effets se traduisent généralement par une réduction significative des espèces inféodées aux milieux humides même au Québec. L'épisode *El Niño* 2009/2010, dont l'intensité n'égale pas celle de certains autres épisodes déjà survenus depuis les 30 dernières années, a cependant provoqué une sécheresse hydrologique inégalée en aval du barrage Matawin depuis sa construction en 1930. Cette sécheresse s'est traduite par un déficit pluviométrique de plus de 50 % et une fréquence record du nombre de jours sans lâcher d'eau en aval du barrage. Cette fréquence a ainsi dépassé 130 jours consécutifs sans lâcher d'eau. En ce qui concerne la composition physico-chimique des sédiments de trois îlots, on a observé une baisse significative des éléments fins (argile et limon). Cette baisse résulterait de l'érosion provoquée par des débits relativement élevés (> 150 m^3/s) lâchés en aval du barrage durant les années qui ont précédé 2010.

En ce qui concerne la végétation, les changements les plus importants ont affecté les espèces inféodées aux milieux humides dont le nombre a plus que doublé sur les trois îlots en 2010. Cette hausse pourrait résulter de l'érosion des sites et/ou de la persistance des conditions d'humidité avant la période de sécheresse. Quant aux espèces terrestres, leur nombre a significativement décliné après la sécheresse. Ce déclin a été observé sur les trois îlots. Il peut être attribué au fait que les espèces de ce groupe écologique s'accommoderaient mal à des fortes fluctuations des niveaux d'eau sur les milieux humides contrairement aux espèces des autres groupes écologiques. Enfin, la fréquence des espèces facultatives des milieux humides a été peu affectée par la sécheresse de 2010 et les changements des niveaux d'eau qui se sont suivi l'année suivante. Ceci confirme leur grande capacité de résistance et de tolérance aux changements des conditions environnementales comme les fluctuations des niveaux d'eau.

RÉFÉRENCES BIBLIOGRAPHIQUES

Aerts, R. & deCaluwe, H. (1997) Initial litter respiration as indicator for long-term leaf litter decomposition of Carex species. *Oikos*, **80**, 353-361.

Alibert, M., Assani, A.A., Gratton, D., Leroux, D. & Laurencelle, M. (2011) Statistical analysis of the evolution of a semialluvial stream channel upstream from an inversion-type reservoir: The case of the Matawin River (Quebec, Canada). *Geomorphology*, **131**, 28-34.

Alo, C.A. & Wang, G.L. (2008) Hydrological impact of the potential future vegetation response to climate changes projected by 8 GCMs. *Journal of Geophysical Research-Biogeosciences*, **113**

Amoros, C. & Bornette, G. (2002) Connectivity and biocomplexity in waterbodies of riverine floodplains. *Freshwater Biology*, **47**, 761-776.

Anctil, F. & Coulibaly, P. (2004) Wavelet analysis of the interannual variability in southern Quebec streamflow. *Journal of Climate*, **17**, 163-173.

Andersson, E., Nilsson, C. & Johansson, M.E. (2000) Plant dispersal in boreal rivers and its relation to the diversity of riparian flora. *Journal of Biogeography*, **27**, 1095-1106.

Antheunisse, A.M. & Verhoeven, J.T.A. (2008) Short-term responses of soil nutrient dynamics and herbaceous riverine plant communities to summer inundation. *Wetlands*, **28**, 232-244.

Armstrong, J., Armstrong, W. & VanderPutten, W.H. (1996) Phragmites die-back: Bud and root death, blockages within the aeration and vascular systems and the possible role of phytotoxins. *New Phytologist*, **133**, 399-414.

Armstrong, J., Armstrong, W., Beckett, P.M., Halder, J.E., Lythe, S., Holt, R. & Sinclair, A. (1996) Pathways of aeration and the mechanisms and beneficial effects of humidity- and Venturi-induced convections in Phragmites australis (Cav) Trin ex Steud. *Aquatic Botany*, **54**, 177-197.

Arthington, A.H., Bunn, S.E., Poff, N.L. & Naiman, R.J. (2006) The challenge of providing environmental flow rules to sustain river ecosystems. *Ecological Applications*, **16**, 1311-1318.

Asaeda, T. & Rashid, M.H. (2012) The impacts of sediment released from dams on downstream sediment bar vegetation. *Journal of Hydrology*, **430**, 25-38.

Assani, A. & Tardif, S. (2005) Classification, caractérisation et facteurs de variabilité spatiale des régimes hydrologiques naturels au Québec (Canada). Approche éco-géographique. *Revue des sciences de l'eau/Journal of Water Science*, **18**, 247-266.

Assani, A., Buffin-Bélanger, T. & Roy, A. (2002) Analyse d'impacts d'un barrage sur le régime hydrologique de la rivière Matawin (Québec, Canada). *Revue des sciences de l'eau/Journal of Water Science*, **15**, 557-574.

Assani, A.A., Petit, F. & Leclercq, L. (2006) The relation between geomorphological features and species richness in the low flow channel of the Warche, downstream from the Butgenbach dam (Ardennes, Belgium). *Aquatic Botany*, **85**, 112-120.

Assani, A., Landry, R. & Laurencelle, M. (2012) Comparison of interannual variability modes and trends of seasonal precipitation and streamflow in southern Quebec (Canada). *River Research and Applications*, **28**, 1740-1752.

Assani, A., Matteau, M., Mesfioui, M. & Campeau, S. (2009) Analysis of factors influencing the extent of hydrological change of annual maximum and minimum flow downstream from dams in Quebec. *Dams: impacts, stability and design. Nova Sciences Publishers, New-York*, 197-214.

Assani, A.A., Landry, R., Laurencelle, M., 2011. Comparison of interannual variability modes and trends of seasonally precipitations and streamflow in southern Quebec (Canada). River Research and Applications, **28**, 1740-1752.

Assani, A.A., Landry, R., Daigle, J. & Chalifour, A. (2011) Reservoirs Effects on the Interannual Variability of Winter and Spring Streamflow in the St-Maurice River Watershed (Quebec, Canada). *Water Resources Management*, **25**, 3661-3675.

Astrade, L. (1998) La gestion des barrages-réservoirs au Québec: exemples d'enjeux environnementaux. *Annales de géographie*, Paris, **604**, 590-609.

Auble, G.T., Friedman, J.M. & Scott, M.L. (1994) Relating riparian vegetation to present and future streamflows. *Ecological Applications*, **4**, 544-554.

Auble, G.T., Scott, M.L. & Friedman, J.M. (2005) Use of individualistic streamflow-vegetation relations along the Fremont River, Utah, USA to assess impacts of flow alteration on wetland and riparian areas. *Wetlands*, **25**, 143-154.

Austin, A.T., Yahdjian, L., Stark, J.M., Belnap, J., Porporato, A., Norton, U., Ravetta, D.A. & Schaeffer, S.M. (2004) Water pulses and biogeochemical cycles in arid and semiarid ecosystems. *Oecologia*, **141**, 221-235.

Baattrup-Pedersen, A. & Riis, T. (1999) Macrophyte diversity and composition in relation to substratum characteristics in regulated and unregulated Danish streams. *Freshwater Biology*, **42**, 375-385.

Baldwin, D.S. (1996) Effects of exposure to air and subsequent drying on the phosphate sorption characteristics of sediments from a eutrophic reservoir. *Limnology and Oceanography*, **41**, 1725-1732.

Baldwin, D.S. (1999) Dissolved organic matter and phosphorus leached from fresh and 'terrestrially' aged river red gum leaves: implications for assessing river-floodplain interactions. *Freshwater Biology*, **41**, 675-685.

Baldwin, D.S. & Mitchell, A.M. (2000) The effects of drying and re-flooding on the sediment and soil nutrient dynamics of lowland river-floodplain systems: A synthesis. *Regulated Rivers-Research & Management*, **16**, 457-467.

Balland, P. (2004) Impacts des barrages sur les milieux physiques et biologiques. *Ingénieries* **38**, 23-32.

Barnes, W.J. (1999) The rapid growth of a population of reed canarygrass (Phalaris arundinacea L.) and its impact on some riverbottom herbs. *Journal of the Torrey Botanical Society*, **126**, 133-138.

BarratSegretain, M.H. (1996) Strategies of reproduction, dispersion, and competition in river plants: A review. *Vegetatio*, **123**, 13-37.

Barrat-Segretain, M.H. & Bornette, G. (2000) Regeneration and colonization abilities of aquatic plant fragments: effect of disturbance seasonality. *Hydrobiologia*, **421**, 31-39.

Bayley, S., Behr, R. & Kelly, C. (1986) Retention and release of S from a freshwater wetland. *Water, Air, and Soil Pollution*, **31**, 101-114.

Bazzaz, F.A. (1996) *Plants in changing environments: linking physiological, population, and community ecology*. Cambridge University Press.

Bendix, J. (1994) Scale, direction and pattern in riparian vegetation - environment relationships. *Annals of the Association of American Geographers*, **84**, 652-665.

Bendix, J. (1997) Flood disturbance and the distribution of riparian species diversity. *Geographical Review*, **87**, 468-483.

Bendix, J. & Hupp, C.R. (2000) Hydrological and geomorphological impacts on riparian plant communities. *Hydrological Processes*, **14**, 2977-2990.

Benjankar, R., Jorde, K., Yager, E.M., Egger, G., Goodwin, P. & Glenn, N.F. (2012) The impact of river modification and dam operation on floodplain vegetation succession trends in the Kootenai River, USA. *Ecological Engineering*, **46**, 88-97.

Bernez, I., Daniel, H., Haury, J. & Ferreira, M.T. (2004) Combined effects of environmental factors and regulation on macrophyte vegetation along three rivers in western France. *River Research and Applications*, **20**, 43-59.

Betts, R.A., Boucher, O., Collins, M., Cox, P.M., Falloon, P.D., Gedney, N., Hemming, D.L., Huntingford, C., Jones, C.D., Sexton, D.M.H. & Webb, M.J. (2007) Projected increase in continental runoff due to plant responses to increasing carbon dioxide. *Nature*, **448**, 1037-U5.

Blom, C. (1999) Adaptations to flooding stress: From plant community to molecule. *Plant Biology*, **1**, 261-273.

Blom, C. & Voesenek, L. (1996) Flooding: the survival strategies of plants. *Trends in Ecology & Evolution*, **11**, 290-295.

Boon, P.I., Virtue, P. & Nichols, P.D. (1996) Microbial consortia in wetland sediments: A biomarker analysis of the effects of hydrological regime, vegetation and season on benthic microbes. *Marine and Freshwater Research*, **47**, 27-41.

Bornette, G., Amoros, C., Piegay, H., Tachet, J. & Hein, T. (1998) Ecological complexity of wetlands within a river landscape. *Biological Conservation*, **85**, 35-45.

Bornette, G., Tabacchi, E., Hupp, C., Puijalon, S. & Rostan, J.C. (2008) A model of plant strategies in fluvial hydrosystems. *Freshwater Biology*, **53**, 1692-1705.

Boutin, C. & Keddy, P.A. (1993) A functional classification of wetland plants. *Journal of Vegetation Science*, **4**, 591-600.

Boyer, C., Chaumont, D., Chartier, I. & Roy, A.G. (2010) Impact of climate change on the hydrology of St. Lawrence tributaries. *Journal of Hydrology*, **384**, 65-83.

Bren, L. (1993) Riparian zone, stream, and floodplain issues: a review. *Journal of Hydrology*, **150**, 277-299.

Bridgham, S.D., Updegraff, K. & Pastor, J. (1998) Carbon, nitrogen, and phosphorus mineralization in northern wetlands. *Ecology*, **79**, 1545-1561.

Brinson, M.M. & Malvarez, A.I. (2002) Temperate freshwater wetlands: types, status, and threats. *Environmental Conservation*, **29**, 115-133.

Britto, D.T. & Kronzucker, H.J. (2002) NH4+ toxicity in higher plants: a critical review. *Journal of Plant Physiology*, **159**, 567-584.

Brock, M. & Casanova, M. (1997) Plant life at the edge of wetlands: ecological responses to wetting and drying patterns. In, pp. 181-192. Elsevier Science Ltd., Oxford

Buijse, A.D., Coops, H., Staras, M., Jans, L.H., Van Geest, G.J., Grift, R.E., Ibelings, B.W., Oosterberg, W. & Roozen, F. (2002) Restoration strategies for river floodplains along large lowland rivers in Europe. *Freshwater Biology*, **47**, 889-907.

Burgess, N.D., Evans, C.E. & Thomas, G.J. (1990) Vegetation change on the Ouse Washes wetland, England, 1972–88 and effects on their conservation importance. *Biological Conservation*, **53**, 173-189.

Caraco, N.F., Cole, J.J. & Likens, G.E. (1989) Evidence for sulfate-controlled phosphorus release from sediments from aquatic systems. *Nature*, **341**, 316-318.

Caswell, H. (1976) Community structure: a neutral model analysis. *Ecological monographs*, **46**, 327-354.

Chesson, P.L. & Warner, R.R. (1981) Environmental variability promotes coexistence in lottery competitive systems. *American Naturalist*, **117**, 923-943.

Combroux, I.C.S. & Bornette, G. (2004) Propagule banks and regenerative strategies of aquatic plants. *Journal of Vegetation Science*, **15**, 13-20.

Combroux, I., Bornette, G., Willby, N.J. & Amoros, C. (2001) Regenerative strategies of aquatic plants in disturbed habitats: the role of the propagule bank. *Archiv Fur Hydrobiologie*, **152**, 215-235.

Conchou, O. & Fustec, E. (1988) Influence of hydrological fluctuations on the growth and nutrient dynamics of Phalaris arundinacea L. in a riparian environment. *Plant and Soil*, **112**, 53-60.

Conn, J.S. (1990) Seed viability and dormancy of 17 weed species after burial for 4.7 years in Alaska. *Weed Science*, **38**, 134-138.

Cooper, D.J., Andersen, D.C. & Chimner, R.A. (2003) Multiple pathways for woody plant establishment on floodplains at local to regional scales. *Journal of Ecology*, **91**, 182-196.

Cooperman, M.S. & Brewer, C.A. (2005) Relationship between plant distribution patterns and the process of river island formation. *Journal of Freshwater Ecology*, **20**, 487-501.

Corenblit, D., Tabacchi, E., Steiger, J. & Gurnell, A.M. (2007) Reciprocal interactions and adjustments between fluvial landforms and vegetation dynamics in river corridors: A review of complementary approaches. *Earth-Science Reviews*, **84**, 56-86.

Coulibaly, P. & Burn, D.H. (2004) Wavelet analysis of variability in annual Canadian streamflows. *Water Resources Research*, **40**, 1-14.

Cowell, C.M. & Dyer, J.M. (2002) Vegetation development in a modified riparian environment: Human imprints on an Allegheny River wilderness. *Annals of the Association of American Geographers*, **92**, 189-202.

Crepet, F. (2000) Impact des aménagements hydrauliques sur le régime et la dynamique de la Loire amont. Implications pour la gestion du fleuve./Impacts of hydraulic works on the hydrological regime and the morphodynamics of the upper Loire: implications for the management of the river. *Géocarrefour*, **75**, 365-374.

Cunderlik, J.M. & Simonovic, S.P. (2005) Hydrological extremes in a southwestern Ontario river basin under future climate conditions. *Hydrological Sciences Journal-Journal Des Sciences Hydrologiques*, **50**, 631-654.

Dagnelie, P., 1986. Théorie et Méthodes Statistiques. *Les presses agronomiques de Gembloux*, Gembloux. 463 pp.

Dawson, T.P., Berry, P.M. & Kampa, E. (2003) Climate change impacts on freshwater wetland habitats. *Journal for Nature Conservation*, **11**, 25-30.

Day, R.T., Keddy, P.A., McNeill, J. & Carleton, T. (1988) Fertility and disturbance gradients: a summary model for riverine marsh vegetation. *Ecology*, **69**, 1044-1054.

Decamps, H. (1993) River margins and environmental change. *Ecological Applications*, **3**, 441-445.

Decamps, H., Planty-Tabacchi, A.M. & Tabacchi, E. (1995) Changes in the hydrological regime and invasions by plant species along riparian systems of the Adour river, France. *Regulated Rivers-Research & Management*, **11**, 23-33.

Decamps, H., Fortune, M., Gazelle, F. & Pautou, G. (1988) Historical influence of man on the riparian dynamics of a fluvial landscape. *Landscape Ecology*, **1**, 163-173.

Decamps, H., Pinay, G., Naiman, R.J., Petts, G.E., McClain, M.E., Hillbricht-Ilkowska, A., Hanley, T.A., Holmes, R.M., Quinn, J., Gibert, J., Tabacchi, A.M.P., Schiemer, F., Tabacchi, E. & Zalewski, M. (2004) Riparian zones: Where biogeochemistry meets biodiversity in management practice. *Polish Journal of Ecology*, **52**, 3-18.

DeLaune, R.D., Jugsujinda, A. & Reddy, K.R. (1999) Effect of root oxygen stress on phosphorus uptake by cattail. *Journal of Plant Nutrition*, **22**, 459-466.

Devito, K.J. & Hill, A.R. (1999) Sulphate mobilization and pore water chemistry in relation to groundwater hydrology and summer drought in two conifer swamps on the Canadian Shield. *Water Air and Soil Pollution*, **113**, 97-114.

Dillon, P.J. & Evans, H.E. (2001) Long-term changes in the chemistry of a soft-water lake under changing acid deposition rates and climate fluctuations. *International Association of Theoretical and Applied Limnology, Vol 27, Pt 5, Proceedings* (ed. by W.D. Williams), pp. 2615-2619.

Dillon, P.J., Molot, L.A. & Futter, M. (1997) The effect of El Nino-related drought on the recovery of acidified lakes. *Environmental Monitoring and Assessment*, **46**, 105-111.

Dixon, M.D. (2003) Effects of flow pattern on riparian seedling recruitment on sandbars in the Wisconsin River, Wisconsin, USA. *Wetlands*, **23**, 125-139.

Drew, M. (1990) Sensing soil oxygen. *Plant, Cell & Environment*, **13**, 681-693.

Driscoll, C.T., Likens, G.E. & Church, M.R. (1998) Recovery of surface waters in the northeastern US, from decreases in atmospheric deposition of sulfur. *Water Air and Soil Pollution*, **105**, 319-329.

Dwire, K.A., Kauffman, J.B. & Baham, J.E. (2006) Plant species distribution in relation to water-table depth and soil redox potential in montane riparian meadows. *Wetlands*, **26**, 131-146.

Dwire, K.A., Kauffman, J.B., Brookshire, E.N.J. & Baham, J.E. (2004) Plant biomass and species composition along an environmental gradient in montane riparian meadows. *Oecologia*, **139**, 309-317.

Erskine, W.D., Terrazzolo, N. & Warner, R.F. (1999) River rehabilitation from the hydrogeomorphic impacts of a large hydro-electric power project: Snowy River, Australia. *Regulated Rivers-Research & Management*, **15**, 3-24.

Erwin, K.L. (2009) Wetlands and global climate change: the role of wetland restoration in a changing world. *Wetlands Ecology and Management*, **17**, 71-84.

Ewing, K. (1996) Tolerance of four wetland plant species to flooding and sediment deposition. *Environmental and Experimental Botany*, **36**, 131-146.

Gauthier, B. (1997) Politique de protection des rives, du littoral et des plaines inondables: notes explicatives sur la ligne naturelle des hautes eaux. *Ministère de l'Environnement et de la Faune du Québec, Direction de la conservation et du patrimoine écologique,* 25pp.

Geigenberger, P. (2003) Response of plant metabolism to too little oxygen. *Current Opinion in Plant Biology*, **6**, 247-256.

Germanoski, D. & Ritter, D.F. (1988) Tributary response to local base level lowering below a dam. *Regulated Rivers: Research & Management*, **2**, 11-24.

Gilvear, D. & Willby, N. (2006) Channel dynamics and geomorphic variability as controls on gravel bar vegetation; River Tummel, Scotland. *River Research and Applications*, **22**, 457-474.

Glazebrook, H.S. & Robertson, A.I. (1999) The effect of flooding and flood timing on leaf litter breakdown rates and nutrient dynamics in a river red gum (Eucalyptus camaldulensis) forest. *Australian Journal of Ecology*, **24**, 625-635.

Gleeson, S. & Tilman, D. (1994) Plant allocation, growth rate and successional status. *Functional Ecology*, **8**, 543-550.

Goodson, J.M., Gurnell, A.M., Angold, P.G. & Morrissey, I.P. (2002) Riparian seed banks along the lower River Dove, UK: their structure and ecological implications. *Geomorphology*, **47**, 45-60.

Gravel E., 2006. Impacts des barrages sur les caractéristiques des débits minimums annuels dans le bassin versant du fleuve Saint-Laurent et les effets de leur fluctuation sur les caractéristiques de l'eau, des sédiments et de la végétation du lit mineur de la rivière Matawin (Québec). Thèse de Maîtrise, Université du Québec à Trois-Rivières.

Gregory, S.V., Swanson, F.J., McKee, W.A. & Cummins, K.W. (1991) An ecosystem perspective of riparian zones. *BioScience*, **41**, 540-551.

Grime, J.P. (2002) *Plant strategies, vegetation processes, and ecosystem properties*. John Wiley & Sons, Ltd, Chichester.

Grime, J.P. & Hodgson, J.G. (1987) Botanical contributions to contemporary ecological theory. *New Phytologist*, **106**, 283-295.

Grootjans, A.P., Schipper, P. & Van der Windt, H. (1985) Influence of drainage on N-mineralization and vegetation response in wet meadows [Calthion palustris]. *Acta Oecologica Oecologia Plantarum*, **6**, 403-417.

Grubb, P.J. (1977) The maintenance of species-richness in plant communities: the importance of the regeneration niche. *Biological reviews*, **52**, 107-145.

Guglielminetti, L., Perata, P. & Alpi, A. (1995) Effect of anoxia on carbohydrate metabolism in rice seedlings. *Plant Physiology*, **108**, 735-741.

Gurevitch, J. & Collins, S.L. (1994) Experimental manipulation of natural plant communities. *Trends in Ecology & Evolution*, **9**, 94-98.

Gurnell, A.M. & Petts, G.E. (2002) Island-dominated landscapes of large floodplain rivers, a European perspective. *Freshwater Biology*, **47**, 581-600.

Gurnell, A., Thompson, K., Goodson, J. & Moggridge, H. (2008) Propagule deposition along river margins: linking hydrology and ecology. *Journal of Ecology*, **96**, 553-565.

Gurnell, A.M., Goodson, J.M., Angold, P.G., Morrissey, I.P., Petts, G.E. & Steiger, J. (2004) Vegetation propagule dynamics and fluvial geomorphology. In: Bennett, S.J., Simon, A. (Eds.), *Riparian Vegetation and Fluvial Geomorphology*. American Geophysical Union, Washington DC pp.209-211.

Gurnell, A.M., Petts, G.E., Hannah, D.M., Smith, B.P.G., Edwards, P.J., Kollmann, J., Ward, J.V. & Tockner, K. (2001) Riparian vegetation and island formation along the gravel-bed Fiume Tagliamento, Italy. *Earth Surface Processes and Landforms*, **26**, 31-62.

Gusewell, S. (2004) N : P ratios in terrestrial plants: variation and functional significance. *New Phytologist*, **164**, 243-266.

Harrison, P.A., Berry, P.M., Henriques, C. & Holman, I.P. (2008) Impacts of socio-economic and climate change scenarios on wetlands: linking water resource and biodiversity meta-models. *Climatic Change*, **90**, 113-139.

Haslam, S.M. (1987) *River plants of western Europe: the macrophytic vegetation of watercourses of the European Economic Community*. Cambridge University Press. 396pp.

Henry, C.P. & Amoros, C. (1996) Are the banks a source of recolonization after disturbance: An experiment on aquatic vegetation in a former channel of the Rhone river. *Hydrobiologia*, **330**, 151-162.

Henry, C.P., Amoros, C. & Bornette, G. (1996) Species traits and recolonization processes after flood disturbances in riverine macrophytes. *Vegetatio*, **122**, 13-27.

Ho, M.D., Rosas, J.C., Brown, K.M. & Lynch, J.P. (2005) Root architectural tradeoffs for water and phosphorus acquisition. *Functional Plant Biology*, **32**, 737-748.

Hogenbirk, J.C. & Wein, R.W. (1992) Temperature effects on seedling emergence from boreal wetland soils: implications for climate change. *Aquatic Botany*, **42**, 361-373.

Hopfensperger, K.N. & Baldwin, A.H. (2009) Spatial and temporal dynamics of floating and drift-line seeds at a tidal freshwater marsh on the Potomac River, USA. *Plant Ecology*, **201**, 677-686.

Hough, R.A., Allenson, T.E. & Dion, D.D. (1991) The response of macrophyte communities to drought-induced reduction of nutrient loading in a chain of lakes. *Aquatic botany*, **41**, 299-308.

Howard, T.G. & Goldberg, D.E. (2001) Competitive response hierarchies for germination, growth, and survival and their influence on abundance. *Ecology*, **82**, 979-990.

Hubbell, S.P. (2001) *The unified neutral theory of biodiversity and biogeography (MPB-32)*. Princeton University Press, Princeton, NJ.

Hubert, K., 2011. Effets des changements des caractéristiques de crues sur l'évolution morphologique de la rivière Matawin en aval du réservoir Taureau (Québec, Canada). Thèse de Maîtrise, Université du Québec à Trois-Rivières, Trois-Rivières.

Hudon, C. (1997) Impact of water level fluctuations on St. Lawrence River aquatic vegetation. *Canadian Journal of Fisheries and Aquatic Sciences*, **54**, 2853-2865.

Hudon, C. (2004) Shift in wetland plant composition and biomass following low-level episodes in the St. Lawrence River: looking into the future. *Canadian Journal of Fisheries and Aquatic Sciences*, **61**, 603-617.

Hudon, C., Gagnon, P., Amyot, J.-P., Létourneau, G., Jean, M., Plante, C., Rioux, D. & Deschênes, M. (2005) Historical changes in herbaceous wetland distribution induced by hydrological conditions in Lake Saint-Pierre (St. Lawrence River, Quebec, Canada). *Hydrobiologia*, **539**, 205-224.

Hughes, F.M. (1997) Floodplain biogeomorphology. *Progress in physical geography*, **21**, 501-529.

Hulme, P.E. (2005) Adapting to climate change: is there scope for ecological management in the face of a global threat? *Journal of Applied Ecology*, **42**, 784-794.

Hunter, M.D. & Price, P.W. (1992) Playing chutes and ladders: heterogeneity and the relative roles of bottom-up and top-down forces in natural communities. *Ecology*, **73**, 723-732.

Hupp, C.R. & Osterkamp, W. (1985) Bottomland vegetation distribution along Passage Creek, Virginia, in relation to fluvial landforms. *Ecology*, **66**, 670-681.

Hupp, C.R. & Osterkamp, W. (1996) Riparian vegetation and fluvial geomorphic processes. *Geomorphology*, **14**, 277-295.

Hupp, C.R., Woodside, M.D. & Yanosky, T.M. (1993) Sediment and trace element trapping in a forested wetland, Chickahominy River, Virginia. *Wetlands*, **13**, 95-104.

Hyne, N.J. (1978) The distribution and source of organic matter in reservoir sediments. *Environmental Geology*, **2**, 279-287.

Jackson, L.E. & Bliss, L. (1984) Phenology and water relations of three plant life forms in a dry tree-line meadow. *Ecology*, **65**, 1302-1314.

Jasechko, S., Sharp, Z.D., Gibson, J.J., Birks, S.J., Yi, Y. & Fawcett, P.J. (2013) Terrestrial water fluxes dominated by transpiration. *Nature*, **496**, 347-350.

Keddy, P.A. (1989) Effects of competition from shrubs on herbaceous wetland plants: a 4-year field experiment. *Canadian Journal of Botany*, **67**, 708-716.

Keddy, P.A. (2010) *Wetland ecology: principles and conservation.* 2nd edition. Cambridge University Press, Cambridge, UK.

Keddy, P. & Reznicek, A. (1986) Great Lakes vegetation dynamics: the role of fluctuating water levels and buried seeds. *Journal of Great Lakes Research*, **12**, 25-36.

Keddy, P. & Constabel, P. (1986) Germination of ten shoreline plants in relation to seed size, soil particle size and water level: an experimental study. *The Journal of Ecology*, **74**, 133-141.

Keddy, P.A. & Shipley, B. (1989) Competitive hierarchies in herbaceous plant communities. *Oikos*, **54**, 234-241.

Keddy, P.A., Twolan-Strutt, L. & Wisheu, I.C. (1994) Competitive effect and response rankings in 20 wetland plants: are they consistent across three environments? *Journal of Ecology*, **82**, 635-643.

Keddy, P., Gaudet, C. & Fraser, L.H. (2000) Effects of low and high nutrients on the competitive hierarchy of 26 shoreline plants. *Journal of Ecology*, **88**, 413-423.

Kellerhals, R., Gill, D., 1973. Observed and potential downstream effects of large storage projects in northern Canada. In: 11th International Congress on Large Dams, Madrid, Transactions Vol. 1 pp. 731-754.

Kennedy, M., Murphy, K. & Gilvear, D. (2006) Predicting interactions between wetland vegetation and the soil-water and surface-water environment using diversity, abundance and attribute values. *Hydrobiologia*, **570**, 189-196.

Kingston, D., Lawler, D. & McGregor, G. (2006) Linkages between atmospheric circulation, climate and streamflow in the northern North Atlantic: research prospects. *Progress in Physical Geography*, **30**, 143-174.

Klimesova, J. & Klimes, L. (2007) Bud banks and their role in vegetative regeneration - A literature review and proposal for simple classification and assessment. *Perspectives in Plant Ecology Evolution and Systematics*, **8**, 115-129.

Klimešová, J. (1994) The effects of timing and duration of floods on growth of yound plants of *Phalaris arundinacea*. and *Urtica dioica*.: an experimental study. *Aquatic Botany*, **48**, 21-29.

Kludze, H. & Delaune, R. (1995) Gaseous exchange and wetland plant response to soil redox intensity and capacity. *Soil Science Society of America Journal*, **59**, 939-945.

Knapp, A.K., Fay, P.A., Blair, J.M., Collins, S.L., Smith, M.D., Carlisle, J.D., Harper, C.W., Danner, B.T., Lett, M.S. & McCarron, J.K. (2002) Rainfall variability, carbon cycling, and plant species diversity in a mesic grassland. *Science*, **298**, 2202-2205.

Koerselman, W., Van Kerkhoven, M.B. & Verhoeven, J.T. (1993) Release of inorganic N, P and K in peat soils; effect of temperature, water chemistry and water level. *Biogeochemistry*, **20**, 63-81.

Kondolf, G.M., Webb, J.W., Sale, M.J. & Felando, T. (1987) Basic hydrologic studies for assessing impacts of flow diversions on riparian vegetation: examples from streams of the eastern Sierra Nevada, California, USA. *Environmental Management*, **11**, 757-769.

Lacoul, P. & Freedman, B. (2006) Environmental influences on aquatic plants in freshwater ecosystems. *Environmental Reviews*, **14**, 89-136.

Lajoie, F., Assani, A.A., Roy, A.G. & Mesfioui, M. (2007) Impacts of dams on monthly flow characteristics. The influence of watershed size and seasons. *Journal of Hydrology*, **334**, 423-439.

Laflamme D., 1995. Qualité des eaux du bassin de la rivière Saint-Maurice, 1979 à 1992. Mémoire déposé au ministère de l'Environnement et de la Faune, province du Québec, Montréal, 87 p + annexes.

Lamers, L.P., Tomassen, H.B. & Roelofs, J.G. (1998) Sulfate-induced eutrophication and phytotoxicity in freshwater wetlands. *Environmental Science & Technology*, **32**, 199-205.

Lamers, L., Loeb, R., Antheunisse, A., Miletto, M., Lucassen, E., Boxman, A., Smolders, A. & Roelofs, J. (2006) Biogeochemical constraints on the ecological rehabilitation of wetland vegetation in river floodplains. *Hydrobiologia*, **565**, 165-186.

Larcher, W. (1975) *Physiological plant ecology*. Springer Verlag.

Larcher, W. (2003) *Physiological plant ecology: ecophysiology and stress physiology of functional groups*. 4th edn (chapter: Plants under stress). Springer, Berlin Heidelberg New York, pp 345-450.

Legendre, P. & Legendre, L. (2002) *Numerical ecology*. Elsevier.

Lemmen DS, Warren FJ (eds) (2004) Climate change impacts and adaptation: a canadian perspective. Natural Resources Canada, Ottawa.

Lemmen D.S., Warren, F. J., Lacroix, J., Bush, E., & Lemmen, W. (2010). *Vivre avec les changements climatiques au Canada*. Environnement Canada, Gouvernement du Canada.

Lieffers, V.J., Macdonald, S.E. & Hogg, E.H. (1993) Ecology of and control strategies for Calamagrostis canadensis in boreal forest sites. *Canadian Journal of Forest Research*, **23**, 2070-2077.

Likens, G., Driscoll, C., Buso, D., Siccama, T., Johnson, C., Lovett, G., Fahey, T., Reiners, W., Ryan, D. & Martin, C. (1998) The biogeochemistry of calcium at Hubbard Brook. *Biogeochemistry*, **41**, 89-173.

Liu, W., Zhang, Q. & Liu, G. (2009) Seed banks of a river–reservoir wetland system and their implications for vegetation development. *Aquatic Botany*, **90**, 7-12.

Manchester, S.J., Mountford, J.O., Treweek, J.R. & Sparks, T.H. (1998). Experimental reconstruction and rehabilitation of floodplain grasslands. In Bailey, R., José, P. and Sherwood, B., editors, UK floodplains: special publication of the Linnean Society, Otley: Westbury Academic and Scientific Publishing, 379-94.

Marie-Victorin, Fr. (1943). Observations botaniques sur les effets d'une exceptionnelle baisse de niveau du Saint-Laurent durant l'été de 1931. Contributions de l'Institut Botanique de l'Universite' de Montréal 48: 21-28.

Marie-Victorin, Fr. (1995). Flore laurentienne, 3rd edition updated and annotated by Luc Brouillet *et al.*, Presses de l'Université de Montréal, Quebec, Canada, 1093 pp.

Matteau, M., Assani, A.A. & Mesfioui, M. (2009) Application of multivariate statistical analysis methods to the dam hydrologic impact studies. *Journal of hydrology*, **371**, 120-128.

Menges, E.S. & Waller, D.M. (1983) Plant strategies in relation to elevation and light in floodplain herbs. *American Naturalist*, **122**, 454-473.

Merritt, D.M. & Cooper, D.J. (2000) Riparian vegetation and channel change in response to river regulation: a comparative study of regulated and unregulated streams in the Green River Basin, USA. *Regulated Rivers: Research & Management*, **16**, 543-564.

Merritt, D.M. & Wohl, E.E. (2006) Plant dispersal along rivers fragmented by dams. *River Research and Applications*, **22**, 1-26.

Merritt, D.M., Scott, M.L., Poff N.L., Auble, G.T. & Lytle, D.A. (2010) Theory, methods and tools for determining environmental flows for riparian vegetation: riparian vegetation-flow response guilds. *Freshwater Biology*, **55**, 206-225.

Mettler, P.A., Smith, M. & Victory, K. (2001) The effects of nutrient pulsing on the threatened, floodplain species, Boltonia decurrens. *Plant Ecology*, **155**, 91-98.

Middleton, B. (1999) *Wetland restoration, flood pulsing, and disturbance dynamics*. Wiley.

Mitsch, W.J., Gosselink, J.G., 2000. Wetlands, Third ed. Wiley, New York, p. 920.

Mooij, W.M., Hülsmann, S., Domis, L.N.D.S., Nolet, B.A., Bodelier, P.L., Boers, P.C., Pires, L.M.D., Gons, H.J., Ibelings, B.W. & Noordhuis, R. (2005) The impact of climate change on lakes in the Netherlands: a review. *Aquatic Ecology*, **39**, 381-400.

Moore, P.D. (2002) The future of cool temperate bogs. *Environmental Conservation*, **29**, 3-20.

Moore, J.E., Franklin, S.B. & Grubaugh, J.W. (2011) Herbaceous plant community responses to fluctuations in hydrology: Using Mississippi River islands as models for plant community assembly 1. *The Journal of the Torrey Botanical Society*, **138**, 177-191.

Moyle, P.B. & Mount, J.F. (2007) Homogenous rivers, homogenous faunas. *Proceedings of the National Academy of Sciences*, **104**, 5711-5712.

Naiman, R.J. & Décamps, H. (1997) The ecology of interfaces: riparian zones. *Annual review of Ecology and Systematics*, **41**, 621-658.

Naiman, R.J., H. Decamps, & M.E. McClain, (2005). Riparia: Ecology, Conservation and Management of Streamside Communities. Elsevier/Academic Press, San Diego, California.

Naiman, R.J., Decamps, H. & Pollock, M. (1993) The role of riparian corridors in maintaining regional biodiversity. *Ecological applications*, **3**, 209-212.

Naiman, R.J., Latterell, J.J., Pettit, N.E. & Olden, J.D. (2008) Flow variability and the biophysical vitality of river systems. *Comptes Rendus Geoscience*, **340**, 629-643.

Naiman, R.J., Bunn, S.E., Nilsson, C., Petts, G.E., Pinay, G. & Thompson, L.C. (2002) Legitimizing fluvial ecosystems as users of water: an overview. *Environmental Management*, **30**, 455-467.

Nilsson, C. (1990) Conservation management of riparian communities. In Hansson, L., editor, *Ecological principles of nature conservation*, London: Elsevier Applied Science, pp. 352-372.

Nilsson, C. & Berggren, K. (2000) Alterations of Riparian Ecosystems Caused by River Regulation: Dam operations have caused global-scale ecological changes in riparian ecosystems. How to protect river environments and human needs of rivers remains one of the most important questions of our time. *BioScience*, **50**, 783-792.

Nilsson, C. & Svedmark, M. (2002) Basic principles and ecological consequences of changing water regimes: riparian plant communities. *Environmental Management*, **30**, 468-480.

Nilsson, C., Gardfjell, M. & Grelsson, G. (1991) Importance of hydrochory in structuring plant communities along rivers. *Canadian Journal of Botany*, **69**, 2631-2633.

Nilsson, C., Grelsson, G., Johansson, M. & Sperens, U. (1989) Patterns of plant species richness along riverbanks. *Ecology*, **58**, 77-84.

Nilsson, C., Andersson, E., Merritt, D.M. & Johansson, M.E. (2002) Differences in riparian flora between riverbanks and river lakeshores explained by dispersal traits. *Ecology*, **83**, 2878-2887.

Nilsson, C., Reidy, C.A., Dynesius, M. & Revenga, C. (2005) Fragmentation and flow regulation of the world's large river systems. *Science*, **308**, 405-408.

Nilsson, C., Ekblad, A., Dynesius, M., Backe, S., Gardfjell, M., Carlberg, B., Hellqviist, S. & Jansson, R. (1994) A comparison of species richness and traits of riparian plants between a main river channel and its tributaries. *Journal of Ecology*, **34**, 281-295.

NOAA (National Oceanic and Atmospheric Administration). (2003). U.S. Drought Monitor, National Drought Summary-January 2003.

Odland, A. & del Moral, R. (2002) Thirteen years of wetland vegetation succession following a permanent drawdown, Myrkdalen Lake, Norway. *Plant Ecology*, **162**, 185-198.

Ormerod, S. (2009) Climate change, river conservation and the adaptation challenge. *Aquatic Conservation: Marine and Freshwater Ecosystems*, **19**, 609-613.

Palmer, M.A., Lettenmaier, D.P., Poff, N.L., Postel, S.L., Richter, B. & Warner, R. (2009) Climate change and river ecosystems: protection and adaptation options. *Environmental Management*, **44**, 1053-1068.

Patoine, A., Blais, A-M., Forget, M-H., Lamontagne., et Marty, J., (1999). Respecter la variabilité naturelle pour une gestion durable des ressources aquatiques, Mémoire remis au Bureau des audiences publiques sur l'environnement dans le cadre des audiences publiques sur la Gestion de l'eau au Québec.

Peterson, B.J., Holmes, R.M., McClelland, J.W., Vörösmarty, C.J., Lammers, R.B., Shiklomanov, A.I., Shiklomanov, I.A. & Rahmstorf, S. (2002) Increasing river discharge to the Arctic Ocean. *Science*, **298**, 2171-2173.

Pettit, N., Froend, R. & Davies, P. (2001) Identifying the natural flow regime and the relationship with riparian vegetation for two contrasting western Australian rivers. *Regulated Rivers: Research & Management*, **17**, 201-215.

Petts, G.E. (1979) Complex response of river channel morphology subsequent to reservoir construction. *Progress in Physical Geography*, **3**, 329-362.

Pezeshki, S. (1991) Root responses of flood-tolerant and flood-sensitive tree species to soil redox conditions. *Trees*, **5**, 180-186.

Pezeshki, S., Pardue, J. & DeLaune, R. (1996) Leaf gas exchange and growth of flood-tolerant and flood-sensitive tree species under low soil redox conditions. *Tree Physiology*, **16**, 453-458.

Pezeshki, S., DeLaune, R. & Anderson, P. (1999) Effect of flooding on elemental uptake and biomass allocation in seedlings of three bottomland tree species. *Journal of Plant Nutrition*, **22**, 1481-1494.

Pinay, G., Ruffinoni, C. & Fabre, A. (1995) Nitrogen cycling in two riparian forest soils under different geomorphic conditions. *Biogeochemistry*, **30**, 9-29.

Planty-Tabacchi, A.M., Tabacchi, E., Naiman, R.J., Deferrari, C. & Décamps, H. (1996) Invasibility of Species-Rich Communities in Riparian Zones. *Conservation Biology*, **10**, 598-607.

Platt, W.J. & Connell, J.H. (2003) Natural disturbances and directional replacement of species. *Ecological monographs*, **73**, 507-522.

Poff, N.L. & Zimmerman, J.K. (2010) Ecological responses to altered flow regimes: a literature review to inform the science and management of environmental flows. *Freshwater Biology*, **55**, 194-205.

Poff, N.L., Allan, J.D., Bain, M.B., Karr, J.R., Prestegaard, K.L., Richter, B.D., Sparks, R.E. & Stromberg, J.C. (1997) The natural flow regime. *BioScience*, **47**, 769-784.

Poiani, K.A. & Johnson, W.C. (1991) Global warming and prairie wetlands. *BioScience*, **41**, 611-618.

Poiani, K.A., Johnson, W.C., Swanson, G.A. & Winter, T.C. (1996) Climate change and northern prairie wetlands: simulations of long-term dynamics. *Limnology and Oceanography*, **41**, 871-881.

Poiani, K.A., Richter, B.D., Anderson, M.G. & Richter, H.E. (2000) Biodiversity conservation at multiple scales: functional sites, landscapes, and networks. *BioScience*, **50**, 133-146.

Pollock, M.M., Naiman, R.J. & Hanley, T.A. (1998) Plant species richness in riparian wetlands-a test of biodiversity theory. *Ecology*, **79**, 94-105.

Polzin, M.L. & Rood, S. (2000) Effects of damming and flow stabilization on riparian processes and black cottonwoods along the Kootenay River. *Rivers*, **7**, 221-232.

Renöfält, B.M., Nilsson, C. & Jansson, R. (2005) Spatial and temporal patterns of species richness in a riparian landscape. *Journal of biogeography*, **32**, 2025-2037.

Renöfält, B., Merritt, D.M. & Nilsson, C. (2007) Connecting variation in vegetation and stream flow: the role of geomorphic context in vegetation response to large floods along boreal rivers. *Journal of Applied Ecology*, **44**, 147-157.

Richter, B.D. & Richter, H.E. (2000) Prescribing flood regimes to sustain riparian ecosystems along meandering rivers. *Conservation Biology*, **14**, 1467-1478.

Ridolfi, L., D'Odorico, P. & Laio, F. (2006) Effect of vegetation–water table feedbacks on the stability and resilience of plant ecosystems. *Water Resources Research*, **42**, W01201.

Riis, T., Sand-Jensen, K. & Vestergaard, O. (2000) Plant communities in lowland Danish streams: species composition and environmental factors. *Aquatic Botany*, **66**, 255-272.

Rood, S.B., Mahoney, J.M., Reid, D.E. & Zilm, L. (1995) Instream flows and the decline of riparian cottonwoods along the St. Mary River, Alberta. *Canadian Journal of Botany*, **73**, 1250-1260.

Ryser, P. (1996) The importance of tissue density for growth and life span of leaves and roots: a comparison of five ecologically contrasting grasses. *Functional Ecology*, **10**, 717-723.

Scott, M.L., Lines, G.C. & Auble, G.T. (2000) Channel incision and patterns of cottonwood stress and mortality along the Mojave River, California. *Journal of Arid Environments*, **44**, 399-414.

Seabloom, E.W., van der Valk, A.G. & Moloney, K.A. (1998) The role of water depth and soil temperature in determining initial composition of prairie wetland coenoclines. *Plant Ecology*, **138**, 203-216.

Shabbar, A. (2006) The impact of El Niño-Southern oscillation on the Canadian climate. *Advances in Geosciences*, **6**, 149-153.

Shabbar, A., Bonsal, B. & Khandekar, M. (1997) Canadian precipitation patterns associated with the Southern Oscillation. *Journal of Climate*, **10**, 3016-3027.

Shipley, B. & Keddy, P. (1988) The relationship between relative growth rate and sensitivity to nutrient stress in twenty-eight species of emergent macrophytes. *The Journal of Ecology*, **33**, 1101-1110.

Shipley, B. & Parent, M. (1991) Germination responses of 64 wetland species in relation to seed size, minimum time to reproduction and seedling relative growth rate. *Functional Ecology*, **39**, 111-118.

Shipley, B., Keddy, P. & Lefkovitch, L. (1991) Mechanisms producing plant zonation along a water depth gradient: a comparison with the exposure gradient. *Canadian Journal of Botany*, **69**, 1420-1424.

Shipley, B., Keddy, P., Moore, D. & Lemky, K. (1989) Regeneration and establishment strategies of emergent macrophytes. *The Journal of Ecology*, **77**, 1093-1110.

Silvertown, J., Dodd, M.E., Gowing, D.J. & Mountford, J.O. (1999) Hydrologically defined niches reveal a basis for species richness in plant communities. *Nature*, **400**, 61-63.

Smith, T.T.M., Shugart, H.H. & Woodward, F.I. (1997) *Plant functional types: their relevance to ecosystem properties and global change*. Cambridge University Press.

Snyder, P., Delire, C. & Foley, J. (2004) Evaluating the influence of different vegetation biomes on the global climate. *Climate Dynamics*, **23**, 279-302.

Stanford, J.A., Ward, J., Liss, W.J., Frissell, C.A., Williams, R.N., Lichatowich, J.A. & Coutant, C.C. (1996) A general protocol for restoration of regulated rivers. *Regulated Rivers: Research and Management*, **12**, 391-413.

Steiger, J. & Gurnell, A.M. (2003) Spatial hydrogeomorphological influences on sediment and nutrient deposition in riparian zones: observations from the Garonne River, France. *Geomorphology*, **49**, 1-23.

Steiger, J., Tabacchi, E., Dufour, S., Corenblit, D. & Peiry, J.L. (2005) Hydrogeomorphic processes affecting riparian habitat within alluvial channel–floodplain river systems: a review for the temperate zone. *River Research and Applications*, **21**, 719-737.

Stichelbout E. (2005). Impacts des barrages sur les caractéristiques des débits maximums annuels dans le basin versant du fleuve Saint-Laurent et sur la richesse spécifique de la végétation herbacée des basses plaines alluviales de la rivière Matawin (Québec). Thèse de Maîtrise, Université du Québec à Trois-Rivières.

Strengbom, J., Nordin, A., Näsholm, T. & Ericson, L. (2001) Slow recovery of boreal forest ecosystem following decreased nitrogen input. *Functional Ecology*, **15**, 451-457.

Stromberg, J.C., Tiller, R. & Richter, B. (1996) Effects of groundwater decline on riparian vegetation of semiarid regions: The San Pedro, Arizona. *Ecological Applications*, **6**, 113-131.

Stromberg, J., Lite, S. & Dixon, M. (2010) Effects of stream flow patterns on riparian vegetation of a semiarid river: implications for a changing climate. *River Research and Applications*, **26**, 712-729.

Susan, S. (2007) *Climate change 2007-the physical science basis: Working group I contribution to the fourth assessment report of the IPCC*. Cambridge University Press.

Svoboda M., LeComte D., Hayes M., Redmond, K.T., & Pasteris, P. (2002) The drought monitor. *Bulletin of the American Meteorological Society*, **83**, 1181-1190.

Tabacchi, E. & Tabacchi, A.M.P. (2001) Functional significance of species composition in riparian plant communities. *Journal of the American Water Resources Association*, **37**, 1629-1637.

Tabacchi, E., Planty-Tabacchi, A.M., Roques, L. & Nadal, E. (2005) Seed inputs in riparian zones: Implications for plant invasion. *River Research and Applications*, **21**, 299-313.

Tabacchi, E., Lambs, L., Guilloy, H., Planty-Tabacchi, A.M., Muller, E. & Decamps, H. (2000) Impacts of riparian vegetation on hydrological processes. *Hydrological Processes*, **14**, 2959-2976.

Tharme, R.E. (2003) A global perspective on environmental flow assessment: Emerging trends in the development and application of environmental flow methodologies for rivers. *River Research and Applications*, **19**, 397-441.

Tickner, D.P., Angold, P.G., Gurnell, A.M. & Mountford, J.O. (2001) Riparian plant invasions: hydrogeomorphological control and ecological impacts. *Progress in Physical Geography*, **25**, 22-52.

Tilman, D. & Ability, N.C. (1990) Competition for Nutrients: The Elements of Theory of Competition. *Perspectives on plant competition*, **25**, 117.

Tockner, K. & Ward, J. (1999) Biodiversity along riparian corridors. *Archiv für Hydrobiologie. Supplementband. Large rivers*, **11**, 293-310.

Tockner, K. & Stanford, J.A. (2002) Riverine flood plains: present state and future trends. *Environmental Conservation*, **29**, 308-330.

Tockner, K., Malard, F. & Ward, J.V. (2000) An extension of the flood pulse concept. *Hydrological Processes*, **14**, 2861-2883.

Tockner, K., Baumgartner, C., Schiemer, F. & Ward, J. (2000) Biodiversity of a Danubian floodplain: structural, functional and compositional aspects. *Biodiversity in wetlands: assessment, function and conservation*, **1**, 141-159.

Tockner, K., Schiemer, F., Baumgartner, C., Kum, G., Weigand, E., Zweimuller, I. & Ward, J.V. (1999) The Danube restoration project: Species diversity patterns across connectivity gradients in the floodplain system. *Regulated Rivers-Research & Management*, **15**, 245-258.

Toner, M. & Keddy, P. (1997) River hydrology and riparian wetlands: A predictive model for ecological assembly. *Ecological Applications*, **7**, 236-246.

Toogood, S.E., Joyce, C.B. & Waite, S. (2008) Response of floodplain grassland plant communities to altered water regimes. *Plant Ecology*, **197**, 285-298.

Touchette, B.W., Iannacone, L.R., Turner, G.E. & Frank, A.R. (2007) Drought tolerance versus drought avoidance: a comparison of plant-water relations in herbaceous wetland plants subjected to water withdrawal and repletion. *Wetlands*, **27**, 656-667.

Townsend, C.R. & Hildrew, A.G. (1994) Species traits in relation to a habitat templet for river systems. *Freshwater biology*, **31**, 265-275.

van der Hoek, D., van Mierlo, A. & van Groenendael, J.M. (2004) Nutrient limitation and nutrient-driven shifts in plant species composition in a species-rich fen meadow. *Journal of Vegetation Science*, **15**, 389-396.

Van der valk, A.G. (1981) Succession in wetlands: a Gleasonian approach. *Ecology*, **62**, 688-696.

Van der Valk, A. (1987) Vegetation dynamics of freshwater wetlands: a selective review of the literature. *Archiv für Hydrobiologie Ergenbnisse der Limnologie*, **27**, 27-39.

van der Valk, A.G. (2005) Water-level fluctuations in North American prairie wetlands. *Hydrobiologia*, **539**, 171-188.

Van der Valk, A. & Davis, C. (1978) The role of seed banks in the vegetation dynamics of prairie glacial marshes. *Ecology*, **56**, 322-335.

Van der Valk, A., Pederson, R.L. & Davis, C. (1992) Restoration and creation of freshwater wetlands using seed banks. *Wetlands Ecology and Management*, **1**, 191-197.

Van Eck, W., Van de Steeg, H., Blom, C. & De Kroon, H. (2004) Is tolerance to summer flooding correlated with distribution patterns in river floodplains? A comparative study of 20 terrestrial grassland species. *Oikos*, **107**, 393-405.

van Eck, W., van de Steeg, H.M., Blom, C. & de Kroon, H. (2005) Recruitment limitation along disturbance gradients in river floodplains. *Journal of Vegetation Science*, **16**, 103-110.

Van Peer, L., Nijs, I., Reheul, D. & De Cauwer, B. (2004) Species richness and susceptibility to heat and drought extremes in synthesized grassland ecosystems: compositional vs physiological effects. *Functional Ecology*, **18**, 769-778.

Venterink, H.O., Van der Vliet, R. & Wassen, M. (2001) Nutrient limitation along a productivity gradient in wet meadows. *Plant and Soil*, **234**, 171-179.

Venterink, H. O., Wassen, M. J., Belgers, J. D. M., & Verhoeven, J. T. A. (2001). Control of environmental variables on species diversity in fens and meadows: importance of direct effects and effects through community biomass. Journal of Ecology, **89**, 1033-1040.

Verhoeven, J., Bogaards, H., Van Logtestijn, R., Spink, A., Nienhuis, P., Leuven, R. & Ragas, A. (1998) Initial estimates of nutrient-related process rates in floodplains along modified rivers in the Netherlands. *New concepts for sustainable management of river basins. Backhuys Publishers, Leiden*, **22**, 229-240.

Vervuren, P.J.A., Beurskens, S. & Blom, C. (1999) Light acclimation, CO2 response and long-term capacity of underwater photosynthesis in three terrestrial plant species. *Plant Cell and Environment*, **22**, 959-968.

Vervuren, P.J.A., Blom, C. & de Kroon, H. (2003) Extreme flooding events on the Rhine and the survival and distribution of riparian plant species. *Journal of Ecology*, **91**, 135-146.

Visser, E.J.W., Bogemann, G.M., Van de Steeg, H.M., Pierik, R. & Blom, C. (2000) Flooding tolerance of Carex species in relation to field distribution and aerenchyma formation. *New Phytologist*, **148**, 93-103.

Walker, M.D., Ingersoll, R.C. & Webber, P.J. (1995) Effects of interannual climate variation on phenology and growth of two alpine forbs. *Ecology*, **88**, 1067-1083.

Ward, J. (1989) The four-dimensional nature of lotic ecosystems. *Journal of the North American Benthological Society*, **119**, 2-8.

Ward, J.V. & Stanford, J.A. (1995) Ecological connectivity in alluvial river ecosystems and its disruption by flow regulation. *Regulated Rivers-Research & Management*, **11**, 105-119.

Ward, J.V., Tockner, K. & Schiemer, F. (1999) Biodiversity of floodplain river ecosystems: Ecotones and connectivity. *Regulated Rivers-Research & Management*, **15**, 125-139.

Ward, J., Tockner, K., Arscott, D. & Claret, C. (2002) Riverine landscape diversity. *Freshwater Biology*, **47**, 517-539.

White, P.S. & Jentsch, A. (2001) The search for generality in studies of disturbance and ecosystem dynamics. *Progress in botany*, **62**, 399-450.

Wiegleb, G., Herr, W. & Todeskino, D. (1989) Ten years of vegetation dynamics in two rivulets in Lower Saxony (FRG). *Vegetatio*, **82**, 163-178.

Willby, N.J., Abernethy, V.J. & Demars, B.O.L. (2000) Attribute-based classification of European hydrophytes and its relationship to habitat utilization. *Freshwater Biology*, **43**, 43-74.

Wilson, S.D. & Keddy, P.A. (1988) Species richness, survivorship and biomass accumulation along an environmental gradient. *Oikos*, **53**, 375-380.

Woo, M.K. & Winter, T.C. (1993) The Role of Permafrost and Seasonal Frost in the Hydrology of Northern Wetlands in North America. *Journal of Hydrology*, **141**, 5-31.

Woo, M.K. & Young, K.L. (2006) High Arctic wetlands: Their occurrence, hydrological characteristics and sustainability. *Journal of Hydrology*, **320**, 432-450.

Woo, M.K., Thorne, R., Szeto, K. & Yang, D.Q. (2008) Streamflow hydrology in the boreal region under the influences of climate and human interference. *Philosophical Transactions of the Royal Society B-Biological Sciences*, **363**, 2251-2260.

Xiong, S.J., Nilsson, C., Johansson, M.E. & Jansson, R. (2001) Responses of riparian plants to accumulation of silt and plant litter: the importance of plant traits. *Journal of Vegetation Science*, **12**, 481-490.

Xiong, S.J., Johansson, M.E., Hughes, F.M.R., Hayes, A., Richards, K.S. & Nilsson, C. (2003) Interactive effects of soil moisture, vegetation canopy, plant litter and seed addition on plant diversity in a wetland community. *Journal of Ecology*, **91**, 976-986.

Xue, Y., Zeng, F., Mitchell, K., Janjic, Z. & Rogers, E. (2001) The impact of land surface processes on simulations of the US hydrological cycle: A case study of the

1993 flood using the SSiB land surface model in the NCEP Eta regional model. *Monthly weather review*, **129**, 2833-2860.

Yamamoto, F., Sakata, T. & Terazawa, K. (1995) Growth, morphology, stem anatomy and ethylene production in flooded Alnus japonica seedlings. *Iawa Journal*, **16**, 47-59.

Yamamoto, F., Sakata, T. & Terazawa, K. (1995) Physiological, anatomical and morphological responses of Fraxinus mandshurica seedlings to flooding. *Tree Physiology*, **15**, 713-719.

Zedler, J.B. & Kercher, S. (2004) Causes and consequences of invasive plants in wetlands: Opportunities, opportunists, and outcomes. *Critical Reviews in Plant Sciences*, **23**, 431-452.

ANNEXE A

Tableau A1

Liste des espèces inventoriées sur les 12 sites des trois îlots en aval du barrage en 2006

2006		Amont			Aval			Chenal P			Chenal Sec		
Espèce	Ecotype	A	B	C	A	B	C	A	B	C	A	B	C
Achilea milefolium	T		X	X	X							X	
Agrostis perrenans	T							X					
Agrostis scabra	T		X										
Agrostis stolonifera	F		X								X		
Anaphalis margaritaceae	T		X										
Aralia nudicaulis	T	X						X			X		
Aster puniceus	T				X								
Bromus ciliatus	F		X										
Barbarea vulgaris	T		X								X		
Calamagrostis canadensis	F	X	X	X	X	X	X	X	X	X	X	X	X
Carex crinita	H		X	X					X				
Carex stricta	H												
Carex utriculata	H		X	X					X	X	X		
Carex vesicaria	H	X	X	X		X	X	X	X	X	X	X	
Clematis virginiana	T	X					X	X					
Convolvulus arvensis	T		X							X			
Cornus alternifolia	T	X											
Cornus canadensis	T	X		X			X		X	X	X		

2006		Amont			Aval			Chenal P			Chenal Sec		
Cornus stolonifera	F			X	X					X			
Deschampia cespitosea	T												
Dichanthelium boreale	T												
Dryopteris spinulosa	T	X		X			X	X		X	X	X	X
Dulichium arundinaceum	H												
Eleocharis acicularis	H												
Eleocharis obtusum	H												
Eleocharis palustris	H	X	X	X	X	X		X	X	X		X	
Equisetum fluviatile	H		X		X			X					
Eriocaulon septangulare	H												
Eupatorium maculatum	F		X						X	X	X		X
Fragaria virginiana	T												
Galeopsis tetrahit	T		X			X							
Galium asprellum	H	X	X	X		X	X	X		X	X	X	
Galium obtusum	H												
Galium palustre	H												
Gentiana linearis	H											X	
Glyceria borealis	H												
Glyceria canadensis	H		X		X				X		X		
Glyceria melicaria	H	X	X		X				X		X		
Gnaphalium uliginosum	F												
Hypericum boreale	H												

2006		Amont			Aval			Chenal P			Chenal Sec		
Hypericum canadense	F												
Hypericum ellipticum	H	X	X	X	X	X	X	X		X	X		
Iris versicolor	H		X	X			X		X	X			
Juncus brevicaudatus	H												
Juncus effusus	F	X											
Juncus filiformis	F												
Juncus pelocarpus	H												
Leersia oryzoides	H												
Linnea borealis	T												
Lycopus americanus	H		X										
Lycopus uniflorus	H	X	X	X				X		X			
Lysimachia terrestris	H	X	X	X	X	X	X	X	X	X	X	X	X
Maïanthenum canadense	T									X	X	X	
Mentha canadensis	H		X	X									
Onoclea sensibilis	F	X	X	X	X	X	X	X	X	X		X	
Panicum capillare	T				X				X				
Plantago major	T												
Poa palustris	F		X										
Polygonum acicularis	H				X								
Polygonum cilinode	T		X	X				X		X	X		
Potentilla palustris	H		X	X									
Ranunculus acris	T												
Ribes glandulosum	F	X		X			X				X	X	X

2006		Amont			Aval		Chenal P			Chenal Sec		
Ribes lacustre	F											
Rorippa palustris	F											
Rubus idaeus	T	X		X			X	X		X		
Rubus pubescens	F									X	X	X
Rumex crispus	T		X									
Sagittaria graminea	H											
Scirpus atrocinctus	F	X	X	X	X	X	X	X	X		X	X
Scirpus microcarpus	H											
Scirpus pedicellatus	H											X
Scutellaria lateriflora	H		X									
Sium suave	H	X	X	X			X			X		
Solidago graminifolia	T	X	X	X				X	X		X	
Solidago rugosa	T		X	X	X						X	
Sparganium emersum	H						X					
Thalictrum pubescens	F		X		X			X	X	X	X	X
Triadenum fraseri	H	X										
Vaccinium angustifolium	T							X			X	
Vaccinium myrthilloides	H						X					X
Vaccinium oxycoccos	H											
Veronica scutellata	H											
Viola blanda	F											
Viola pallens	H	X										

X = présence

Tableau A2

Liste des espèces inventoriées en 2010

2010		Amont			Aval			Chenal P			Chenal S		
Espèce	Écotype	A	B	C	A	B	C	A	B	C	A	B	C
Achilea milefolium	T												
Agrostis perrenans	T									X			X
Agrostis scabra	T	X	X		X	X	X	X	X	X	X		X
Agrostis stolonifera	F	X		X	X		X	X	X	X	X	X	X
Anaphalis margaritaceae	T												
Aralia nudicaulis	T												
Aster puniceus	T												
Bromus ciliatus	F												
Barbarea vulgaris	T												
Calamagrostis canadensis	F		X							X		X	X
Carex crinita	F										X		
Carex lacustris	H					X		X		X			
*Carex lasiocarpa	H												
*Carex lurida	H												
*Carex nigra	F												
*Carex retrorsa	H												
*Carex rostrata	H												
Carex scoparia	F							X					
*Carex stipata	F												
Carex stricta	H		X	X		X	X	X	X		X	X	X

2010		Amont			Aval			Chenal P			Chenal S		
Espèce	Écotype	A	B	C	A	B	C	A	B	C	A	B	C
Carex utriculata	H	X	X	X	X	X	X	X	X	X	X	X	X
Carex vesicaria	H				X			X					
*Carex vulpinoidea	F												
Chelone glabra	H										X		
*Cinna latifolia	F												
Clematis virginiana	T												
Convolvulus arvensis	T				X								
*Coptis groenlandica	T												
Cornus alternifolia	T												
Cornus canadensis	T				X			X	X			X	X
Cornus stolonifera	F												X
Deschampia cespitosea	F	X			X		X	X			X		X
Dichanthelium boreale	T	X	X		X	X		X			X		
Dryopteris spinulosa	T				X								
Dulichium arundinaceum	H	X	X		X	X	X	X	X	X	X	X	X
Eleocharis acicularis	H	X	X		X	X	X	X	X	X	X	X	X
Eleocharis obtusa	H	X	X	X	X	X	X	X	X	X	X	X	X
Eleocharis palustris	H							X	X				
*Epilobium palustre	F												
Equisetum fluviatile	H	X			X	X		X	X			X	X

2010		Amont			Aval			Chenal P			Chenal S		
Espèce	Écotype	A	B	C	A	B	C	A	B	C	A	B	C
*Equisetum palustre	F												
Eriocaulon septangulare	H							X					
Eupatorium maculatum	F										X		
*Festuca obtusa / rubra	T												
Fragaria virginiana	T	X			X	X		X				X	
Galeopsis tetrahit	T												
Galium asprellum	H												
Galium obtusum	H				X	X	X	X	X		X	X	X
Galium palustre	H		X	X		X	X	X	X	X	X	X	X
Gentiana linearis	H								X				X
*Geum rivale	H												
Glyceria borealis	H				X								
Glyceria canadensis	H		X		X						X		
Glyceria melicaria	H	X	X				X				X		
*Glyceria septentrionalis	H												
Gnaphalium uliginosum	F	X			X	X	X	X	X	X	X	X	X
Hypericum boreale	H	X	X		X	X	X	X	X	X	X	X	X
Hypericum canadense	F	X			X	X	X	X	X	X	X	X	X
Hypericum ellipticum	H		X		X	X	X		X			X	X
Iris versicolor	H							X	X	X			X

2010		Amont			Aval			Chenal P			Chenal S		
Espèce	Écotype	A	B	C	A	B	C	A	B	C	A	B	C
Juncus brevicaudatus	H	X	X		X	X	X	X	X	X	X	X	X
Juncus effusus	F				X	X	X	X			X		X
Juncus filiformis	F				X	X	X	X			X		
Juncus pelocarpus	H	X			X	X		X	X		X	X	X
Juncus tenuis	H					X		X					
*Justicia americana	H												
Leersia oryzoides	H	X	X	X	X	X	X	X	X	X	X	X	X
Linnea borealis	T							X					X
Lobelia dortmanna	H				X			X			X		
Lycopus americanus	H	X	X		X	X	X	X	X	X	X	X	X
Lycopus uniflorus	H					X		X	X	X	X	X	X
Lysimachia terrestris	H	X	X	X	X	X	X	X	X	X	X	X	X
Maïanthenum canadense	T								X				
Mentha canadensis	H	X	X	X	X	X		X	X		X	X	X
*Mimulus ringens	H												
Onoclea sensibilis	F	X								X	X	X	
Plantago major	T									X	X		
Poa palustris	F					X	X		X				
Polygonum cilinode	T	X	X		X	X	X	X	X	X	X	X	X
*Polygonum hydropiper	H					X			X				

2010 Espèce	Écotype	Amont			Aval			Chenal P			Chenal S		
		A	B	C	A	B	C	A	B	C	A	B	C
Polygonum persicaria	F												
Polygonum punctatum	H												
Potentilla palustris	H	X	X		X	X	X	X	X	X	X	X	X
Pyrola elliptica	T												
Ranunculus acris	T				X							X	X
Ribes glandulosum	F												
Ribes lacustre	F												
Rorippa palustris	F		X				X			X	X	X	X
Rubus idaeus	T	X	X		X	X		X	X	X	X	X	X
Rubus pubescens	F												X
Rumex crispus	T				X							X	
Sagittaria graminea	H		X					X	X	X		X	
Scirpus atrocinctus	F												
Scirpus microcarpus	H		X				X			X		X	
Scirpus pedicellatus	H		X	X			X			X	X	X	X
Scutellaria lateriflora	H								X				X
Sium suave	H	X	X		X	X		X	X	X	X		
Solidago graminifolia	T		X	X	X	X	X	X		X		X	X
Solidago rugosa	T												
Solidago uliginosa	H												
Sparganium emersum	H											X	

2010		Amont			Aval			Chenal P			Chenal S		
Espèce	Écotype	A	B	C	A	B	C	A	B	C	A	B	C
Spartina pectinata				X						X			
Thalictrum pubescens	F		X								X	X	X
*Triadenum fraseri	H												
*Utricularia minor	H												
Vaccinium angustifolium	T												
Vaccinium myrtilloides	T												
Vaccinium oxycoccos	H	X			X	X		X	X	X	X	X	X
Veronica scutellata	H		X					X					
Viola blanda	F												
Viola pallens	H	X	X		X	X		X	X	X	X	X	X

* = espèce vu en dehors des transects étudiés

Tableau A3

Liste des espèces inventoriées en 2011

2011	Amont			Aval			Chenal P			Chenal Sec		
Espèce	A	B	C	A	B	C	A	B	C	A	B	C
Achilea milefolium												
Agrostis perrenans												
Agrostis scabra						X						X
Agrostis stolonifera												
Anaphalis margaritaceae												
Aralia nudicaulis												
Aster puniceus												
Bromus ciliatus												
Barbarea vulgaris												
Calamagrostis canadensis		X						X	X		X	
Carex crinita	X			X		X				X		X
Carex stricta	X	X		X	X	X		X	X	X	X	X
Carex utriculata	X		X	X		X	X			X		X
Carex vesicaria	X	X	X	X	X	X		X	X	X	X	X
Clematis virginiana												X
Convolvulus arvensis												
Cornus alternifolia												
Cornus canadensis												X
Cornus stolonifera												
Deschampia cespitosea												
Dichanthelium boreale												
Dryopteris spinulosa												

Species	1	2	3	4	5	6	7	8	9	10	11	12
Dulichium arundinaceum	X	X		X	X	X	X	X	X	X		X
Eleocharis acicularis	X	X		X		X		X	X	X		
Eleocharis obtusum	X											
Eleocharis palustris	X	X		X	X		X	X	X	X		
Equisetum fluviatile				X								
Eriocaulon septangulare												
Eupatorium maculatum		X		X	X	X						X
Fragaria virginiana												
Galeopsis tetrahit												
Galium asprellum												
Galium obtusum												
Galium palustre	X	X		X	X	X		X	X	X	X	X
Gentiana linearis												
Glyceria borealis												
Glyceria canadensis		X		X	X	X	X				X	X
Glyceria melicaria	X	X	X	X	X	X	X	X	X	X	X	X
Gnaphalium uliginosum												
Hypericum boreale												
Hypericum canadense												
Hypericum ellipticum	X	X		X	X	X		X	X	X	X	
Iris versicolor		X				X		X				
Juncus brevicaudatus												
Juncus effusus	X			X		X	X			X	X	X
Juncus filiformis												
Juncus pelocarpus	X		X		X							
Leersia oryzoides		X						X				

Species											
Linnea borealis											
Lycopus americanus	X	X	X	X	X	X		X	X	X		X
Lycopus uniflorus	X	X	X		X	X		X	X	X		X
Lysimachia terrestris	X	X	X	X	X	X	X	X	X	X	X	X
Maïanthenum canadense												
Mentha canadensis		X		X	X			X	X	X		X
Onoclea sensibilis				X		X					X	X
Panicum capillare												
Plantago major												
Poa palustris	X	X			X	X	X	X		X	X
Polygonum acicularis												
Polygonum cilinode												
Potentilla palustris												
Ranunculus acris												
Ribes glandulosum												
Ribes lacustre												
Rorippa palustris						X						
Rubus idaeus												X
Rubus pubescens												X
Rumex crispus												
Sagittaria graminea	X	X	X	X	X			X	X	X	X	X
Scirpus atrocinctus	X	X	X	X		X	X	X	X	X	X	X
Scirpus microcarpus												
Scirpus pedicellatus		X			X	X		X	X			X
Scutellaria lateriflora	X	X		X		X		X				
Sium suave	X	X		X	X			X		X		
Solidago graminifolia												

Solidago rugosa											
Sparganium emersum										X	
Thalictrum pubescens											X
Triadenum fraseri											
Vaccinium angustifolium									X		
Vaccinium myrthilloides											
Vaccinium oxycoccos									X		
Veronica scutellata	X					X					
Vinca minor											X
Viola blanda											
Viola pallens											X

ANNEXE B

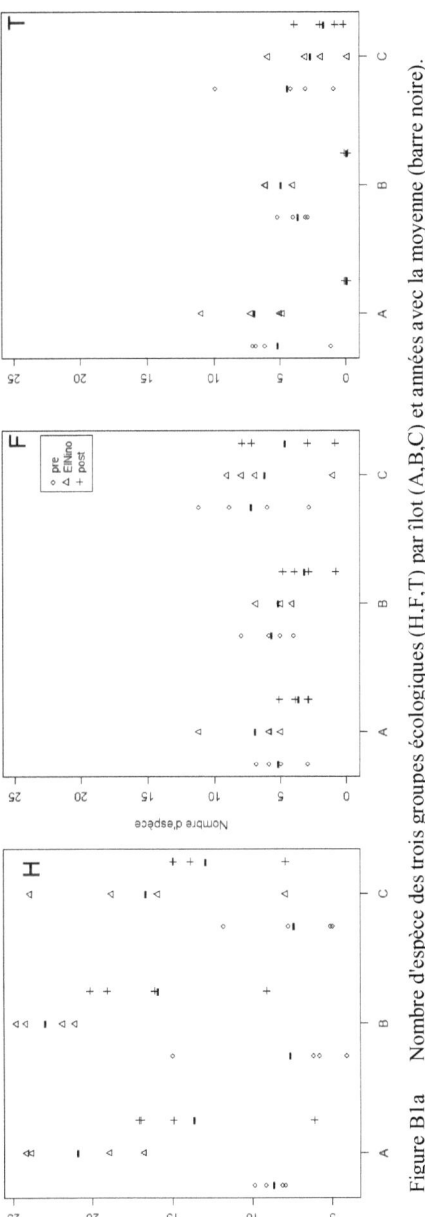

Figure B1a   Nombre d'espèce des trois groupes écologiques (H,F,T) par îlot (A,B,C) et années avec la moyenne (barre noire).

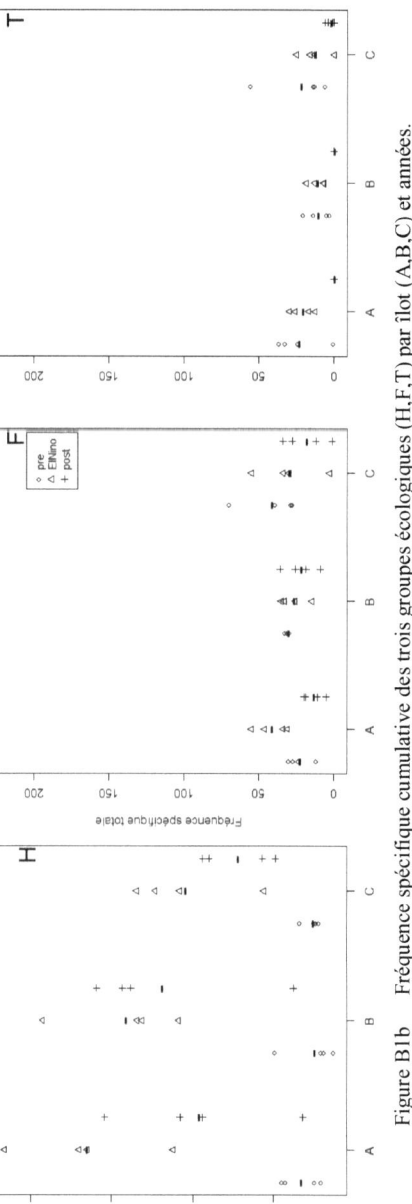

Figure B1b Fréquence spécifique cumulative des trois groupes écologiques (H,F,T) par îlot (A,B,C) et années.

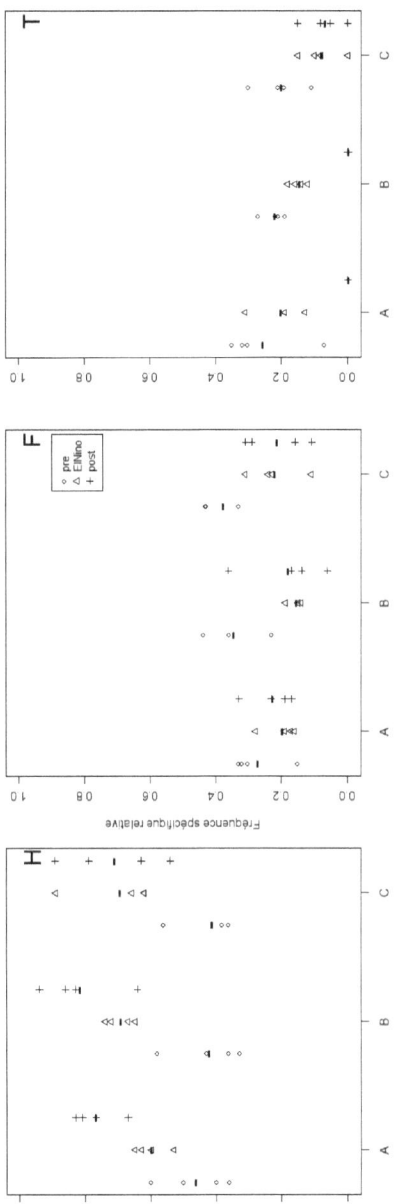

Figure B2a   Proportion du nombre total d'espèces des trois groupes écologiques par îlot et année.

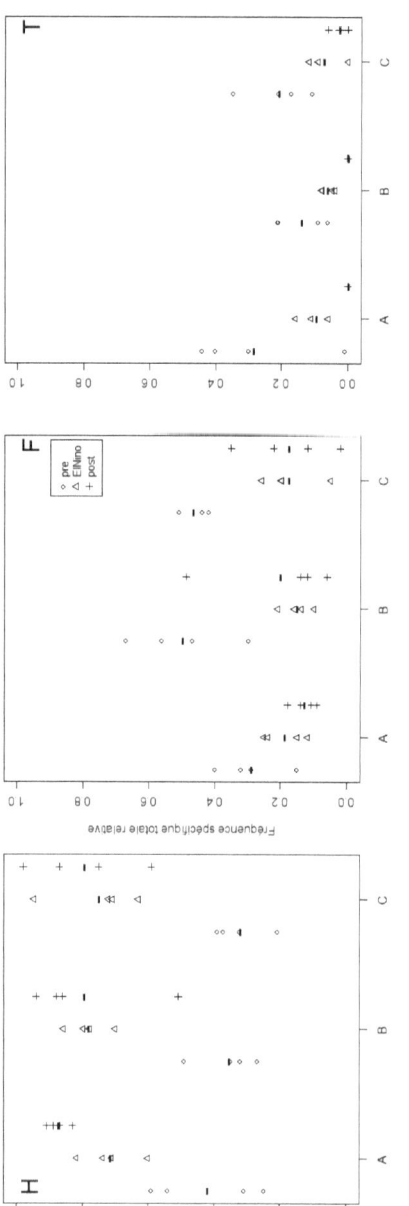

Figure B2b   Fréquence spécifique cumulative relative des trois groupes écologiques par îlot et année.

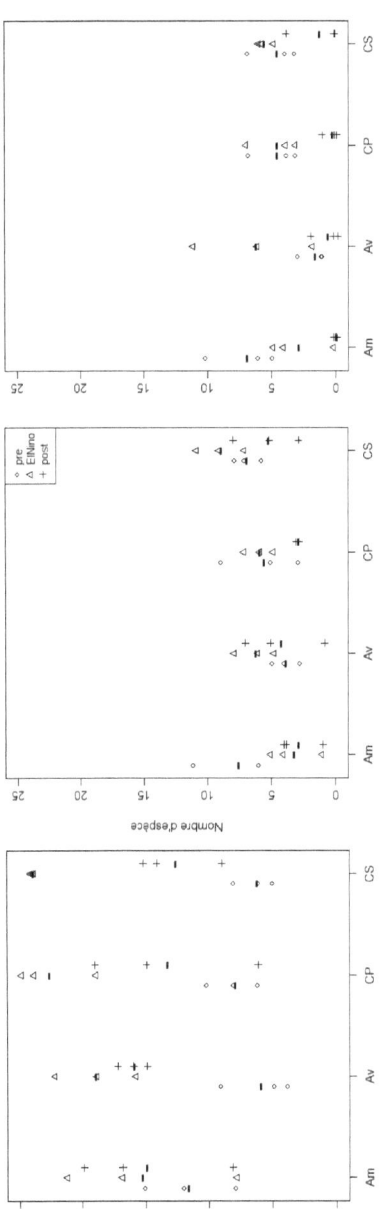

Figure B3a   Nombre d'espèces des trois groupes écologiques par site et année.

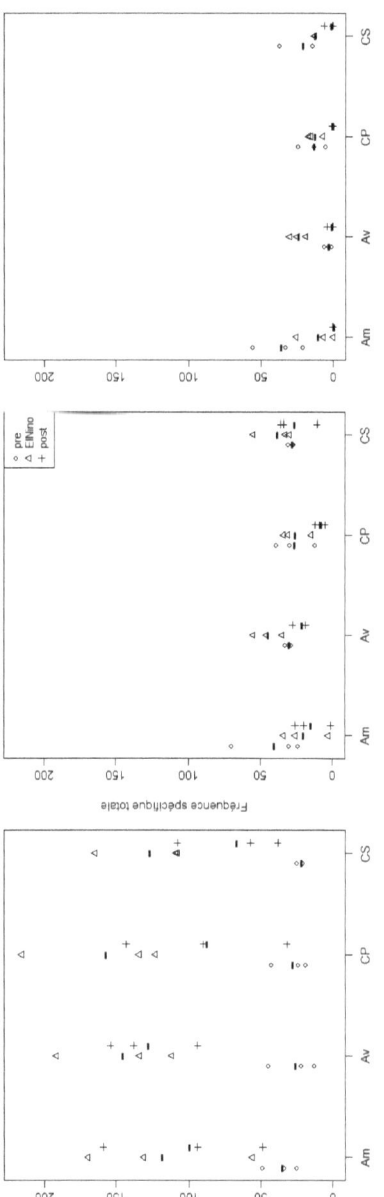

Figure B3b Fréquence spécifique cumulative des trois groupes écologiques par site et année.

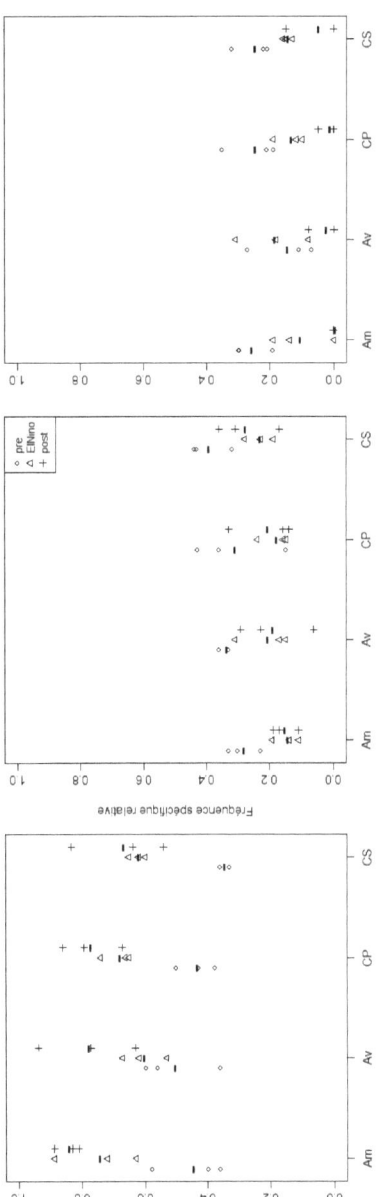

Figure B4a Proportion du nombre total d'espèces des trois groupes écologiques par site et année.

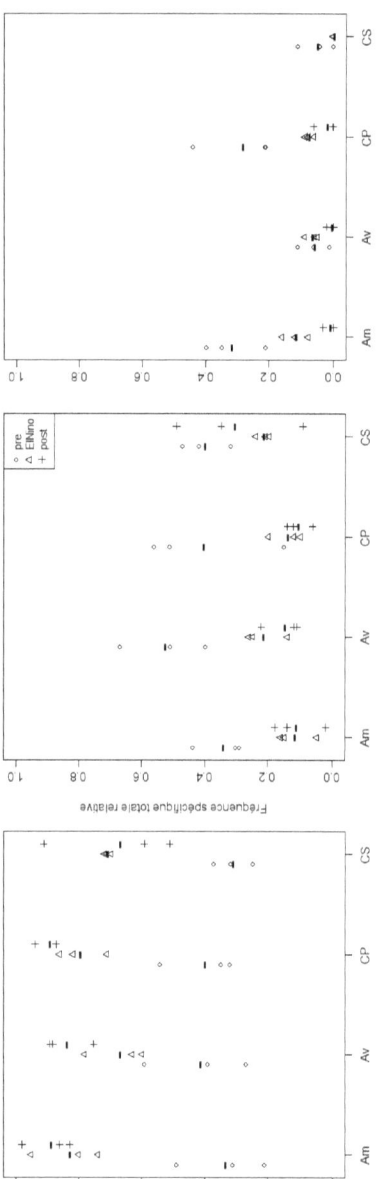

Figure B4b Fréquence spécifique cumulative relative des trois groupes écologiques par site et année.

ANNEXE C

Tableau C1

Tables d'anova sur le nombre d'espèces humide, facultative, terrestre et totale à l'échelle des sites

H

Error: Between-subject					
	df	SS	MS	F	p
Residuals	11	0.9395	0.085409		
Error: Within-subject					
	df	SS	MS	F	p
ELN	2	4.7158	2.3579	24.8019	<0.0001
ilot:ELN	4	0.2486	0.0621	0.6537	0.6354
ELN:site	6	1.2023	0.2004	2.1077	0.128
Residuals	12	1.1408	0.0951		

F

Error: Between-subject					
	df	SS	MS	F	p
Residuals	11	2.23097	0.202815		
Error: Within-subject					
	df	SS	MS	F	p
ELN	2	1.27025	0.63513	3.5223	0.06258
ilot:ELN	4	0.24485	0.06121	0.3395	0.84619
ELN:site	6	1.23309	0.20552	1.1397	0.39718
Residuals	12	2.1638	0.18032		

T

	df	SS	MS	F	p
Error: Between-subject					
Residuals	11	1.57525	0.14321		
Error: Within-subject					
ELN	2	14.1904	7.0952	35.5387	<0.0001
ilot:ELN	4	3.7256	0.9314	4.6653	0.01672
ELN:site	6	2.9328	0.4888	2.4483	0.08809
Residuals	12	2.3958	0.1996		

Totale

	df	SS	MS	F	p
Error: Between-subject					
Residuals	11	0.9172	0.08338		
Error: Within-subject					
ELN	2	1.97107	0.98553	9.2762	0.004
ELN:site	6	1.81404	0.30234	2.6735	0.0542
Residuals	16	1.8094	0.11309		

Tableau C2

Tables d'anova de la fréquence cumulative d'espèces humide, facultative, terrestre et totale à l'échelle des sites

H

Error: Between-subject					
	df	SS	MS	F	p
Residuals	11	1.98263	0.18024		
Error: Within-subject					
	df	SS	MS	F	p
ELN	2	16.4189	8.2094	32.8619	<0.0001
ilot:ELN	4	0.5235	0.1309	0.5238	0.7203
ELN:site	6	0.9655	0.1609	0.6441	0.6944
Residuals	12	2.9978	0.2498		

F

Error: Between-subject					
	df	SS	MS	F	p
Residuals	11	8.7377	0.7943		
Error: Within-subject					
	df	SS	MS	F	p
ELN	2	4.5325	2.2662	4.5774	0.03332
ilot:ELN	4	2.263	0.5657	1.1427	0.38291
ELN:site	6	2.6139	0.4356	0.8799	0.53772
Residuals	12	5.9412	0.4951		

T

	df	SS	MS	F	p
Error: Between-subject					
Residuals	11	5.3776	0.4889		
Error: Within-subject					
	df	SS	MS	F	p
ELN	2	40.03	20.015	48.853	<0.0001
ilot:ELN	4	4.024	1.006	2.4555	0.1023
ELN:site	6	11.089	1.848	4.5109	0.0128
Residuals	12	4.916	0.41		

Totale

	df	SS	MS	F	p
Error: Between-subject					
Residuals	11	1.17514	0.10683		
Error: Within-subject					
	df	SS	MS	F	p
ELN	2	4.3467	2.1734	12.6161	0.001
ilot:ELN	4	0.8277	0.2069	1.2012	0.36
ELN:site	6	1.4215	0.2369	1.3753	0.3
Residuals	12	2.0672	0.1723		

Tableau C3

Tables d'anova de la fréquence spécifique d'espèces humide, facultative et terrestre le long du gradient hydrique

H

Error: Between-subject

	df	SS	MS	F	p
Qd/ELN	4	20.7642	5.1911	12.7448	<0.0001
site/ELN	3	3.7176	1.2392	3.0424	0.0369
Residuals	52	21.18	0.4073		

Error: Within-subject

	df	SS	MS	F	p
ELN	2	101.298	50.649	96.5876	<0.0001
ELN:Qd	8	16.881	2.11	4.0239	0.0003
ELN:site	6	4.267	0.711	1.3563	0.2393
Residuals	104	54.536	0.524		

	2006 df	SS	MS	F	p
Qd	4	34.694	8.674	17.151	<0.0001
Residuals	55	27.815	0.506		

F

Error: Between-subject

	df	SS	MS	F	p
Qd/ELN	4	2.1883	0.5471	1.3594	0.26077
site/ELN	3	8.904	2.968	7.3748	0.00033
Residuals	52	20.9277	0.4025		

Error: Within-subject

	df	SS	MS	F	p
ELN	2	13.79	6.895	15.6587	<0.0001
ELN:Qd	8	0.678	0.085	0.1925	0.9914
ELN:site	6	6.676	1.113	2.5269	0.0253
Residuals	104	45.793	0.44		

T

	2006 df	SS	MS	F	p
Qd	4	18.413	4.603	5.5234	0.0008
Residuals	55	45.837	0.833		

ANNEXE D

Tableau D1

Similarité compositionnelle moyenne entre les quadrats du gradient hydrique

2006	Qd1	Qd2	Qd3	Qd4
Qd2	0.71±0.24			
Qd3	0.83±0.20	0.76±0.23		
Qd4	**0.90±0.15**	0.82±0.20	0.78±0.24	
Qd5	**0.91±0.15**	0.84±0.20	0.80±0.23	0.80±0.23
2010				
Qd2	0.64±0.21			
Qd3	0.66±0.21	0.65±0.23		
Qd4	0.66±0.20	0.66±21	0.67±22	
Qd5	0.65±0.21	0.66±22	0.66±22	0.66±21
2011				
Qd2	0.61±0.21			
Qd3	0.66±0.21	0.66±0.21		
Qd4	0.67±0.21	0.65±21	0.66±23	
Qd5	0.66±0.19	0.65±20	0.66±0.21	0.66±22

ANNEXE E

Tableau E1

Similarité compositionnelle entre les sites des îlots en 2006

2006	A.Am	A.Av	A.CP	A.CS	B.Am	B.Av	B.CP	B.CS	C.Am	C.Av	C.CP
A.Av	0.30										
A.CP	0.60	0.30									
A.CS	0.40	0.23	0.35								
B.Am	0.35										
B.Av		0.30			0.37						
B.CP			0.31		0.38	0.25					
B.CS				0.38	0.29	0.45	0.28				
C.Am	0.36				0.40						
C.Av		0.26				0.33			0.24		
C.CP			0.41				0.35		0.50	0.36	
C.CS				0.33				0.39	0.24	0.35	0.35

Tableau E2

Similarité compositionnelle entre les sites des îlots en 2010

2010	A.Am	A.Av	A.CP	A.CS	B.Am	B.Av	B.CP	B.CS	C.Am	C.Av	C.CP
A.Av	0.65										
A.CP	0.62	0.64									
A.CS	0.62	0.57	0.61								
B.Am	0.45										
B.Av		0.68			0.49						
B.CP			0.73		0.47	0.65					
B.CS				0.57	0.53	0.57	0.61				
C.Am	0.21				0.27						
C.Av		0.46				0.50			0.31		
C.CP			0.53				0.58		0.23	0.54	
C.CS				0.58				0.69	0.23	0.52	0.48

Tableau E3

Similarité compositionnelle entre les sites des îlots en 2011

2011	A.Am	A.Av	A.CP	A.CS	B.Am	B.Av	B.CP	B.CS	C.Am	C.Av	C.CP
A.Av	0.65										
A.CP	0.36	0.35									
A.CS	0.77	0.74	0.35								
B.Am	0.64										
B.Av		0.56			0.64						
B.CP			0.24		0.92	0.56					
B.CS				0.39	0.41	0.35	0.38				
C.Am	0.43				0.27						
C.Av		0.61				0.43			0.28		
C.CP			0.27				0.71		0.33	0.40	
C.CS				0.47				0.33	0.30	0.58	0.41

Tableau E4

Proportion des trois écotypes par sites pour les trois années

	2006			2010			2011		
	H	F	T	H	F	T	H	F	T
A.Am	35,0	42,3	81,0	35,0	34,6	19,0	30,0	23,1	0,0
B.Am	57,7	44,8	79,2	23,1	27,6	20,8	19,2	27,6	0,0
C.Am	39,4	55,6	77,8	30,3	33,3	22,2	30,3	11,1	0,0
A.Av	60,0	37,1	77,3	33,3	31,4	22,7	6,7	31,4	0,0
B.Av	36,4	43,8	88,2	36,4	37,5	11,8	27,3	18,8	0,0
C.Av	55,6	48,0	65,2	33,3	24,0	30,4	11,1	28,0	4,3
A.CP	50,0	43,2	55,6	15,0	32,4	44,4	35,0	24,3	0,0
B.CP	35,7	38,2	81,8	42,9	35,3	18,2	21,4	26,5	0,0
C.CP	42,9	48,3	73,7	38,1	31,0	21,1	19,0	20,7	5,3
A.CS	31,8	48,6	83,3	36,4	24,3	16,7	31,8	27,0	0,0
B.CS	33,3	37,8	57,1	44,4	37,8	42,9	22,2	24,3	0,0
C.CS	35,7	41,0	53,8	42,9	28,2	30,8	21,4	30,8	15,4

ANNEXE F

Figure F1 Image de la baisse du niveau d'eau à l'année *El Niño* à l'endroit du site aval de l'îlot A. La ligne noire représente le niveau d'eau en période normale.

Oui, je veux morebooks!

I want morebooks!

Buy your books fast and straightforward online - at one of the world's fastest growing online book stores! Environmentally sound due to Print-on-Demand technologies.

Buy your books online at
www.get-morebooks.com

Achetez vos livres en ligne, vite et bien, sur l'une des librairies en ligne les plus performantes au monde!
En protégeant nos ressources et notre environnement grâce à l'impression à la demande.

La librairie en ligne pour acheter plus vite
www.morebooks.fr

VDM Verlagsservicegesellschaft mbH
Heinrich-Böcking-Str. 6-8
D - 66121 Saarbrücken
Telefax: +49 681 93 81 567-9
info@vdm-vsg.de
www.vdm-vsg.de

Printed by Books on Demand GmbH, Norderstedt / Germany